U0301820

林徽因 著

林徽因
谈建筑

内蒙古科学技术出版社

目录

论中国建筑之几个特征[①]

　　中国建筑为东方最显著的独立系统，渊源深远，而演进程序简纯，历代继承，线索不紊，而基本结构上又绝未因受外来影响致激起复杂变化者。不止在东方三大系建筑之中，较其他两系——印度及阿拉伯（回教建筑）——享寿特长，通行地面特广，而艺术又独臻于最高成熟点。即在世界东西各建筑派系中，相较起来，也是个极特殊的直贯系统。大凡一例建筑，经过悠长的历史，多掺杂外来影响，而在结构、布置乃至外观上，常发生根本变化，或循地理推广迁移，因致渐改旧制，顿易材料外观，待达到全盛时期，则多已脱离原始胎形，另具格式。独有中国建筑经历极长久之时间，流布广大的地面，而在其最盛期中或在其后代繁衍期中，诸重要建筑物，均始终不脱其原始面目，保存其固有主要结构部分及布置规模，虽则同时在艺术工程方面，又皆无可争议的进化至极高程度。更可异的是：产生这建筑的民族的历史却并不简单，且并不缺乏种种宗教上、思想上、政治组织上的迭出变化；更曾经多次与强盛的外族或

　　① 本文原载《中国营造学社汇刊》第三卷 1 期，1932 年 3 月，署名林徽音。

在思想上和平地接触（如印度佛教之传入），或在实际利害关系上发生冲突战斗。

这结构简单、布置平整的中国建筑雏形，会如此的泰然，享受几千年繁衍的直系子嗣，自成一个最特殊、最体面的建筑大族，实是一桩极值得研究的现象。

虽然，因为后代的中国建筑，既达到结构和艺术上极复杂精美的程度，外表上却仍呈现出一种单纯简朴的气象，一般人常误会中国建筑根本简陋无甚发展，较诸别的建筑低劣幼稚。

这种错误观念最初自然是起于西方人对东方文化的粗忽观察，常作浮躁轻率的结论，以致影响到中国人自己对本国艺术发生极过当的怀疑乃至于鄙薄。好在近来欧美迭出深刻的学者对于东方文化慎重研究，细心体会之后，见解已迥异从前，积极彻底会悟中国美术之地位及其价值。但研究中国艺术尤其是对于建筑，比较是一种新近的趋势。外国人论著关于中国建筑的，极少好的贡献，许多地方尚待我们建筑家今后急起直追，搜寻材料考据，作有价值的研究探讨，更正外国人的许多隔膜和谬解处。

东方建筑中最经典的代表便是中国的故宫

在原则上，一种好建筑必含有以下三要点：实用、坚固、美观。实用者：切合于当地人民生活习惯，适合于当地地理环境。坚固者：不违背其主要材料之合理的结构原则，在寻常环境之下，具有相当永久性。美观者：具有合理的权衡（不是上重下轻巍然欲倾，上大下小势不能支；或孤耸高峙，或细长突出等等违背自然律的状态），要呈现稳重、舒适、自然的外表，更要诚实地呈露全部及部分的功用，不事掩饰，不矫揉造作、勉强堆砌。美观，也可以说，即是综合实用、坚稳两点之自然结果。

一、中国建筑，不容疑义的，曾经包含过以上三种要素。所谓曾经者，是因为在实用和坚固方面，因时代之变迁已有疑问。近代中国与欧西文化接触日深，生活习惯已完全与旧时不同，旧有建筑当然有许多跟着不适用了。在坚稳方面，因科学发达结果，关于非永久的木料，已有更满意的代替，对于构造亦有更经济精审的方法。

以往建筑因人类生活状态时刻推移，致实用方面发生问题以后，仍然保留着它的纯粹美术的价值，是个不可否认的事实。和埃及的金字塔、希腊的帕台农庙（Parthenon）一样，北京的坛、庙、宫、殿，是会永远继续着享受荣誉的，虽然它们本来实际的功用已经完全失掉。纯粹美术价值，虽然可以脱离实用方面而存在，它却绝对不能脱离坚稳合理的结构原则而独立的。因为美的权衡比例，美观上的多少特征，全是人的理智技巧，在物理的限制之下，合理地解决了结构上所发生的种种问题的自然结果。

二、人工创造和天然趋势调和至某程度，便是美术的基本，设施雕饰于必需的结构部分，是锦上添花；勉强结构纯为装饰部分，是画蛇添足，足为美术之玷。

中国建筑的美观方面，现时可以说，已被一般人无条件地承认了。但是这建筑的优点，绝不是在那浅显的色彩和雕饰，或特殊之

3

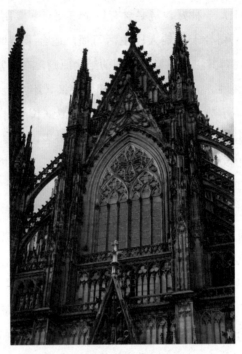

科隆大教堂是北欧最大的哥特式教堂

式样上面，却是深藏在那基本的、产生这美观的结构原则里，以及中国人的绝对了解控制雕饰的原理上。我们如果要赞扬我们本国光荣的建筑艺术，则应该就它的结构原则和基本技艺设施方面稍事探讨；不宜只是一味地、不负责任、用极抽象或肤浅的诗意美谀，披挂在任何外表形式上，学那英国绅士骆斯肯（Ruskin）对高矗式（Gothic）建筑起劲地唱些高调。

建筑艺术是个在极酷刻的物理限制之下，老实的创作。人类由使两根直柱架一根横楣，而能稳立在地平上起，至建成重楼层塔一类作品，其间辛苦艰难的进展，一部分是工程科学的进境，一部分是美术思想的活动和增富。这两方面是在建筑进步的一个总题之下，同行并进的。虽然美术思想这边，常常背叛他们共同的目标——创造好建筑——脱逾常轨，尽它弄巧的能事，引诱工程方面牺牲结构上诚实原则，来将就外表取巧的地方。在这种情形之下时，建筑本身常被连累，损伤了真的价值。在中国各代建筑之中，也有许多这样的例证，所以在中国一系列建筑之中的精品，也是极罕有难得的。

大凡一派美术都分有创造、试验、成熟、抄袭、繁衍、堕落诸期，建筑也是一样。初期作品创造力特强，含有试验性。至试验成功，成绩满意，达尽善尽美程度，则进到完全成熟期。成熟之后，必有相当时期因承相袭，不敢，也不能，逾越已有的则例；这期间常常是发生订定则例章程的时候。再来便是在琐节上增繁加富，以避免单调，冀求变换，这便是美术活动越出目标时。这时期始而繁衍，继则堕落，失掉原始骨干精神，变成无意义的形式。堕落之后，继起的新样便是第二潮流的革命元勋。第二潮流有鉴于已往作品的优劣，再研究探讨第一代的精华所在，便是考据学问之所以产生。

中国建筑的经过，用我们现有的、极有限的材料作参考，已经可以略略看出各时期的起落兴衰。我们现在也已走到应作考察研究

太庙

的时代了。在这有限的各朝代建筑遗物里，很可以观察、探讨其结构和式样的特征，来标证那时代建筑的精神和技艺，是兴废还是优劣。但此节非等将中国建筑基本原则分析以后，是不能有所讨论的。

第一图

在分析结构之前，先要明了的是主要建筑材料，因为材料要根本影响其结构法的。中国主要建筑材料为木，次加砖石瓦之混用。外表上一座中国式建筑物，可明显地分作三大部分：台基部分、柱梁部分、屋顶部分。台基是砖石混用。由柱脚至梁上结构部分、直接承托屋顶者则全是木造。屋顶除少数用茅茨、竹片、泥砖之外，自然全是用瓦。而这三部分——台基、柱梁、屋顶——可以说是我们建筑最初胎形的基本要素。

《易经》里："上古穴居而野处，后世圣人易之以宫室，上栋、下宇。以待风雨。"还有《史记》里："尧之有天下也，堂高三尺……"可见这"栋""宇"及"堂"（基）在最古建筑里便占定了它们的部位势力。自然最后经过繁重发达的是"栋"——那木造的全部，所以我们也要特别注意。

木造结构，我们所用的原则是"架构制"（Framing System）。在四根垂直柱的上端，用两横梁两横枋周围牵制成一"间架"（梁与枋根本为同样材料，梁较枋可略壮大。在"间"之左右称柁或梁，在间之前后称枋）。再在两梁之上筑起层叠的梁架以支横桁，

构架之一种

桁通一"间"之左右两端，从梁架顶上"脊瓜柱"上次第降下至前枋上为止。桁上钉椽，并排栉比，以承瓦板，这是"架构制"骨干的最简单的说法。总之，"架构制"之最负责要素是：（一）那几根支重的垂直立柱；（二）使这些立柱互相发生联络关系的梁与枋；（三）横梁以上的构造：梁架、横桁、木椽及其他附属木造，完全用以支承屋顶的部分。

"间"在平面上是一个建筑的最低单位。普通建筑全是多间的且为单数。有"中间"或"明间""次间""稍间""套间"等称。

中国"架构制"与别种制度（如高矗式之"砌拱制"，或西欧最普通之古典派"垒石"建筑）之最大分别：（一）在支重部分之完全倚赖立柱，使墙的部分不负结构上重责，只同门窗隔屏等，尽相似的义务——间隔房间，分划内外而已。（二）立柱始终保守木质，不似古希腊之迅速代之以垒石柱且增加负重墙（Bearing wall），致脱离"架构"而成"垒石"制。

这架构制的特征，影响至其外表式样的，有以下最明显的几点：（一）高度无形地受限制，绝不出木材可能的范围。（二）即使极庄严的建筑，也是呈现绝对玲珑的外表。结构上绝不需要坚厚的负重墙，除故意为表现雄伟的时候，酌量增用外（如城楼等建筑），任何大建，均不需墙壁堵塞部分。（三）门窗部分可以不受限制，柱与柱之间可以完全安装透光线的细木作——门屏窗牖之类。实际方面，在玻璃未发明以前，室内已有极充分光线。北方因气候关系，墙多于窗，南方则反之，可伸缩自如。

这不过是这结构的基本方面，自然的特征。还有许多完全是经过特别的美术活动，而成功的超等特色，使中国建筑占极高的美术位置的，而同时也是中国建筑之精神所在。这些特色最主要的便是屋顶、台基、斗拱、色彩和均称的平面布置。

飞檐

屋顶本是建筑上最实际必需的部分，中国则自古，不殚烦难的，使之尽善尽美。使切合于实际需求之外，又特具一种美术风格。屋顶最初即不止为屋之顶，因雨水和日光的切要实题，早就扩张出檐的部分。使檐突出并非难事，但是檐深则低，低则阻碍光线，且雨水顺势急流，檐下溅水问题因之发生。为解决这个问题，我们发明飞檐，用双层瓦檐，使檐沿稍翻上去，微成曲线。又因美观关系，使屋角之檐加甚其仰翻曲度。这种前边成曲线，四角翘起的"飞檐"，在结构上有极自然又合理的布置，几乎可以说它便是结构法所促成的。

如何是结构法所促成的呢？简单说：例如"庑殿"式的屋瓦，共有四坡五脊。正脊寻常称房脊，它的骨架是脊桁。那四根斜脊，称"垂脊"，它们的骨架是从脊桁斜角，下伸至檐桁上的部分，称由戗及角梁。桁上所钉并排的椽子虽像全是平行的，但因偏左右的几根又要同这"角梁平行"，所以椽的部位，乃由真平行而渐斜，像裙裾的开展。

角梁是方的，椽为圆径（有双层时上层便是方的，角梁双层时则仍全是方的）。角梁的木材大小几乎倍于椽子，到椽与角梁并排时，两个的高下不同，以致不能在它们上面铺钉平板，故此必须将椽依次地抬高，令其上皮同角梁上皮平。在抬高的几根椽子底下填补一片三角形木板称"枕头木"，见图二。

第二图

9

这个曲线在结构上几乎不可信的简单和自然，而同时在美观方面不知增加多少神韵。飞檐的美，绝用不着考据家来指点的。不过注意那过当和极端的倾向常将本来自然合理的结构变成取巧和复杂。这过当的倾向，外表上自然也呈出脆弱、虚张的弱点，不为审美者所取，但一般人常以为愈巧愈繁必是愈美，无形中多鼓励这种倾向。南方手艺灵活的地方，过甚的飞檐便是这种例证。外观上虽然是浪漫的姿态，容易引诱赞美，但到底不及北方的庄重恰当，合于审美的最真纯条件。

屋顶曲线不止限于挑檐，即瓦坡的全部也不是一片直坡倾斜下来。屋顶坡的斜度是越往上越增加，见图三。

这斜度之由来是依着梁架叠层的加高，这制度称作"举架

第三图

法"。这举架的原则极其明显，举架的定例也极简单，只是迭次将梁架上瓜柱增高，尤其是要脊瓜柱特别高。

使檐沿作仰翻曲度的方法，在增加第二层檐椽。这层椽甚短，只驮在头檐椽上面，再出挑一节。这样则檐的出挑虽加远，而不低下阻蔽光线。

总的说起来，历来被视为极特异神秘之屋顶曲线，并没有什么超出结构原则和不自然造作之处，同时在美观实用方面均是非常的成功。这屋顶坡的全部曲线，上部巍然高举，檐部如翼轻展，使本来极无趣、极笨拙的屋顶部，一跃而成为整个建筑的美丽冠冕。

山西渠家大院的脊瓦吻兽

在"周礼"里发现有"上欲尊而宇欲卑；上尊而宇卑，则吐水疾而拱远"之句。这句可谓明晰地写出实际方面之功效。

既讲到屋顶，我们当然还要注意到屋瓦上的种种装饰物。上面已说过，雕饰必是设施于结构部分才有价值，那么我们屋瓦上的脊瓦吻兽又是如何？

脊瓦可以说是两坡相连处的脊缝上一种镶边的办法，当然也有过当复杂的，但是诚实地来装饰一个结构部分，而不肯勉强地来掩饰一个结构枢纽或关节，是中国建筑最长之处。

瓦上的脊吻和走兽，无疑的，本来也是结构上的部分。现时的龙头形"正吻"古称"鸱尾"，最初必是总管"扶脊木"和脊桁等部分的一块木质关键。这木质关键突出脊上，略作鸟形，后来略加点缀竟然刻成鸱鸟之尾，也是很自然的变化。其所以为鸱尾者还带有一点象征意义，因有传说鸱鸟能吐水，拿它放在瓦脊上可制火灾。

走兽最初必为一种大木钉，通过垂脊之瓦，至"由戗"及"角梁"上，以防止斜脊上面瓦片的溜下，唐时已变成两座"宝珠"，在今之"戗兽"及"仙人"地位上。后代鸱尾变成"龙吻"，宝珠变成"戗兽"及"仙人"，尚加增"戗兽""仙人"之间一列"走兽"，也不过是雕饰上变化而已。

并且垂脊上戗兽较大，结束"由戗"一段，底下一列走兽装饰在角梁上面，显露基本结构上的节段，亦甚自然合理。

南方屋瓦上多加增极复杂的花样，完全脱离结构上任务纯粹的显示技巧，甚属无聊，不足称扬。

外国人因为中国人屋顶之特殊形式，迥异于欧西各系，早多注意及之。论说纷纷，妙想天开。有说中国屋顶乃根据游牧时代帐幕者，有说象形蔽天之松枝者，有目中国飞檐为怪诞者，有谓中国建筑类儿戏者，有的全由走兽龙头方面，无谓的探讨意义，几乎不值得在此费时反证。总之这种曲线屋顶已经从结构上分析了，又从雕饰设施原则上审察了，而其美观实用方面又显著明晰，不容否认。我们的结论实可以简单地承认它艺术上的大成功。

中国建筑的第二个显著特征，并且与屋顶有密切关系的，便

斗拱外露

是"斗拱"部分。最初檐承于椽，椽承于檐桁，桁则架于梁端。此梁端即是由梁架延长，伸出柱的外边。但高大的建筑物出檐既深，单指梁端支持，势必不胜，结果必产生重叠的木"翘"支于梁端之下。但单藉木翘不够担全檐沿的重量，尤其是建筑物愈大，两柱间之距离也愈远，所以又生左右岔出的横"拱"来接受檐桁。这前后的木翘，左右的横拱，结合而成"斗拱"全部（在拱或翘昂的两端和相交处，介于上下两层拱或翘之间的斗形木块称"斗"）。"昂"最初为又一种之翘，后部斜伸出斗拱后用以支"金桁"。

　　斗拱是柱与屋顶间的过渡部分，使支出的房檐的重量渐次集中下来直到柱的上面。斗拱的演化，每是技巧上的进步，但是后代斗拱（约略从宋元以后）便变化到非常复杂，在结构上已有过当的部分，部位上也有改变。本来斗拱只限于柱的上面（今称柱头斗），后来为外观关系，又增加一攒所谓"平身科"者，在柱与柱之间。明清建筑上平身科加增到六七攒，排成一列，完全成为装饰品，失去本来功用。"昂"之后部功用亦废除，只余前部形式而已。

不过当复杂的斗拱，的确是柱与檐之间最恰当的关节，集中横展的屋檐重量，到垂直的立柱上面，同时变成檐下一种点缀，可作结构本身变成装饰部分的最好条例。可惜后代的建筑多减轻斗拱的结构上重要，使之几乎纯为奢侈的装饰品，令中国建筑失却一个优越的中坚要素。

斗拱的演进式样和结构限于篇幅不能再仔细述说，只能就它的极基本原则在此指出它的重要及优点。

斗拱以下的最重要部分，自然是柱及柱与柱之间的细巧的木作。魁伟的圆柱和细致的木刻门窗对照，又是一种艺术上满意之点。不止如此，因为木料不能经久的原始缘故，中国建筑又发生了色彩的特征。涂漆在木料的结构上为的是：（一）保存木质抵制风日雨水；（二）可牢结各处接合关节；（三）加增色彩的特征。

智化寺如来殿山墙上的斗拱和彩绘

文昌院彩绘

这又是兼收美观实际上的好处，不能单以色彩作奇特繁华之表现。彩绘的设施在中国建筑上，非常之慎重，部位多限于檐下结构部分，在阴影掩映之中。主要彩色亦为"冷色"，如青蓝碧绿，有时略加金点。其他檐以下的大部分颜色则纯为赤红，与檐下彩绘正成反照。中国人的操纵色彩可谓轻重得当。设使滥用彩色于建筑全部，使上下耀目辉煌，必成野蛮现象，失掉所有庄严和调谐。别系建筑颇有犯此忌者，更可见中国人有超等美术见解。

至彩色琉璃瓦产生之后，连黯淡无光的青瓦，都成为片片堂皇的黄金碧玉，这又是中国建筑的大光荣，不过滥用杂色瓦，也是一种危险，幸免这种引诱，也是我们可骄傲之处。

还有一个最基本结构部分——台基——虽然没有特别可议论称扬之处，不过在全个建筑上看来，有如许壮伟巍峨的屋顶，如果没有特别舒展或多层的基座托衬，必显出上重下轻之势，所以既有那特种的屋顶，则必须有这相当的基座。架构建筑本身轻于垒砌建筑，中国又少有多层楼阁，基础结构颇为简陋。大建筑的基座加有相当的石刻花纹，这种花纹的分配似乎是根据原始木质台基而成，积渐施之于石。与台基连带的有石栏、石阶、辇道附属部分，都是各有各的功用，而同时又都是极美的点缀品。

最后的一点关于中国建筑特征的，自然是它的特种的平面布置。平面布置上最特殊处是绝对本着均衡相称的原则，左右均分的对峙。这种分配倒并不是由于结构，主要原因是起于原始的宗教思想和形式，社会组织制度，人民俗习，后来又因喜欢守旧仿古，多承袭传统的惯例。结果均衡相称原则变成中国特有的一个固执嗜好。

例外于均衡布置建筑，也有许多。因庄严沉闷的布置，致激

台基

均衡与变化

起故意浪漫的变化；此类若园庭、别墅，宫苑楼阁者是平面上极其曲折变幻，与对称的布置正相反其性质。中国建筑有此两种极端相反布置，这两种庄严和浪漫平面之间，也颇有混合变化的实例，供给许多有趣的研究，可以打消西人浮躁的结论，谓中国建筑布置上是完全的单调且缺乏趣味。但是画廊亭阁的曲折纤巧，也得有相当的限制。过于勉强取巧的人工虽可令寻常人惊叹观止，却是审美者所最鄙薄的。

在这里我们要提出中国建筑上的几个弱点：

（一）中国的匠师对木料，尤其是梁，往往用得太费。他们显然不明了横梁载重的力量只与梁高成正比例，而与梁宽的关系较小。所以梁的宽度，由近代的工程眼光看来，往往嫌其太过。同时匠师对于梁的尺寸，因没有计算木力的方法，不得不尽量地放大，用极大的安全系数，以保安全。结果是材料的大靡费。

（二）他们虽知道三角形是唯一不变动的几何形，但对于这原则极少应用。所以中国的屋架，经过不十分长久的岁月，便有倾斜的危险。我们在北平街上，到处可以看见这种倾斜而用砖墙或木柱支撑的房子。不唯如此，这三角形原则之不应用，也是屋梁费料的一个大原因，因为若能应用此原则，梁就可用较小的木料。

（三）地基太浅是中国建筑的大病。普通则例规定是台明高之一半，下面再垫上几点灰土。这种做法很不彻底，尤其是在北方，地基若不刨到结冰线（Frost line）以下，建筑物的坚实方面，因地的冻冰，一定要发生问题。

好在这几个缺点，在新建筑师的手里，并不成难题。我们只怕不了解，了解之后，要去避免或纠正是很容易的。

结构上细部枢纽，在西洋诸系中，时常成为被憎恶部分。建筑家不惜费尽心思来掩蔽它们。大者如屋顶用女儿墙来遮掩，如梁架内部结构，全部藏入顶棚之内；小者如钉，如合叶，莫不全是要掩藏的细部。独有中国建筑敢袒露所有结构部分，毫无畏缩遮掩的习惯，大者如梁、如椽、如梁头、如屋脊，小者如钉、如合叶、如箍头，莫不全数呈露外部，或略加雕饰或布置成纹，使转成一种点缀。几乎全部结构各成美术上的贡献。这个特征在历史上，除西方高蠹式建筑外，唯有中国建筑有此优点。

现在我们方在起始研究，将来若能将中国建筑的源流变化悉数考察无遗，那时优劣诸点，极明了地陈列出来，当更可以慎重讨论，作将来中国建筑趋途的指导。省得一般建筑家，不是完全遗弃这以往的制度，则是追随西人之后，盲目抄袭中国宫殿，作无意义的尝试。

关于中国建筑之将来，更有特别可注意的一点：我们架构制的原则适巧和现代"洋灰铁筋架"或"钢架"建筑同一道理，以立柱横梁牵制成架为基本。现代欧洲建筑为现代生活所驱，已断然取革命态度，尽量利用近代科学材料，另具方法形式，而迎合近代生活之需求。若工厂、学校、医院及其他公共建筑等为需要日光便利，已不能仿取古典派之垒砌制，致多墙壁而少窗牖。中国架构制既与现代方法恰巧同一原则，将来只需变更建筑材料，主要结构部分则均可不有过激变动，而同时因材料之可能，更作新的发展，必有极满意的新建筑产生。

闲谈关于古代建筑的一点消息

（外 通讯一～四）[①]

在这整个民族和他的文化，均在挣扎着他们重危的运命的时候，凭你有多少关于古代艺术的消息，你只感到说不出的难受！艺术是未曾脱离过一个活泼的民族而存在的；一个民族衰败湮没，他们的艺术也就跟着消沉僵死。知道一个民族在过去的时代里，曾有过丰富的成绩，并不保证他们现在仍然在活跃繁荣。

但是反过来说，如果我们到了连祖宗传留下来的家产都没有能力清理或保护，乃至于让家里的至宝毁坏散失，或竟拿到旧货摊上变卖；这现象却又恰恰证明我们这做子孙的没有出息，智力德行已经都到了不能堕落的田地。睁着眼睛向旧有的文艺喝一声："去你的，咱们维新了，革命了，用不着再留丝毫旧有的任何知识或技艺了。"这话不但不通，简直是近乎无赖！

话是不能说到太远，题目里已明显地提过有关于古建筑的消息在这里，不幸我们的国家多故，天天都是迫切的危难临头，骤听到艺术方面的消息似乎觉到有点不识时宜，但是，相信我——上

---

① 本文原载 1933 年 10 月 7 日天津《大公报·文艺副刊》第 5 期，署名：林徽音。原标题尾有 "（一）"，当时计划还要有连载续篇。

边已说了许多——这也是我们当然会关心的一点事，如果我们这民族还没有堕落到不认得祖传宝贝的田地。

这消息简单的说来，就是新近有几个死心眼的建筑师，放弃了他们盖洋房的好机会，卷了铺盖到各处测绘几百年前他们同行中的先进，用他们当时的一切聪明技艺，所盖惊人的伟大建筑物，在我投稿时候正在山西应县辽代的八角五层木塔前边。

山西应县的辽代木塔，说来容易，听来似乎也平淡无奇，值不得心多跳一下，眼睛睁大一分。但是西历 1056 年到现在，算起来是整整的八百七十七年。古代完全木构的建筑物高到二百八十五尺，在中国也就剩这一座，独一无二的应县佛宫寺塔了。比这塔更早的木构已经专家看到，加以认识和研究的，在国内的只不过五处①而已。

中国建筑的演变史在今日还是个灯谜，将来如果有一天，我们有相当的把握写部建筑史时，那部建筑史也就可以像一部最有趣味的侦探小说，其中主要人物给侦探以相当方便和线索的，绝不是那几座现存的最古遗物。现在唐代木构在国内还没找到一个，而宋代所刊营造法式又还有困难不能完全解释的地方，这距唐不久、离宋全盛时代还早的辽代，居然遗留给我们一些顶呱呱的木塔、高阁、佛殿、经藏，帮我们抓住前后许多重要的关键，这在几个研究建筑的死心眼人看来，已是了不起的事了。

我最初对于这应县木塔似乎并没有太多的热心，原因是思成自从知道了有这塔起，对于这塔的关心，几乎超过他自己的日常生

---

① 蓟县独乐寺观音阁及山门，辽统和二年，公元 984 年。

　大同下华严寺薄伽教藏，辽重熙七年，1038 年。

　宝坻广济寺三大士殿，辽太平五年，1025 年。

　义县奉国寺大雄宝殿，辽开泰九年，1020 年。

活。早晨洗脸的时候，他会说"上应县去不应该是太难吧"；吃饭的时候，他会说"山西都修有顶好的汽车路了"；走路的时候，他会忽然间笑着说"如果我能够去测绘那应州塔，我想，我一定……"他的话常常没有说完，也许因为太严重的事怕语言亵渎了。最难受的一点是他根本还没有看见过这塔的样子，连一张模糊的相片或翻印都没有见到！

有一天早上，在我们少数信件之中，我发现有一个纸包，寄件人的住址却是山西应县××斋照相馆——这才是侦探小说有趣的一页——原来他想了这么一个方法，写封信"探投山西应县最高等照相馆"，弄到一张应县木塔的相片。我只得笑着说阿弥陀佛，他所倾心的幸而不是电影明星！这照相馆的索价也很新鲜，他们要一点北平的信纸和信笺作酬金，据说因为应县没有南纸店。

时间过去了三年，让我们来夸他一句"有志者事竟成"吧，这位思成先生居然在应县木塔前边——何止，竟是上边、下边、里边、外边——绕着测绘他素仰的木塔了。

通讯（一）

"……大同工作已完，除了华严寺处都颇详尽。今天是到大同以来最疲倦的一天，然而也就是最近于道途应县的一天了，十分高兴。明晨七时由此搭公共汽车赴岱，由彼换轮车'起早'，到即电告。你走后我们大感工作不灵，大家都用愉快的意思回忆和你各处同作的畅顺，悔惜你走得太早。我也因为想到我们和应塔特殊的关系，悔不把你硬留下同去瞻仰。家里放下许久实在不放心，事情是绝对没有办法，可恨。应县工作约四五日可完，然后再赴×县……"

通讯（二）

昨晨七时由同乘汽车出发，车还新，路也平坦，有时竟走到每小时五十里的速度，十时许到岱岳。岱岳是山阴县一个重镇，可是雇车费了两个钟头才找到，到应县时已八点。

离县二十里已见塔，由夕阳返照中见其闪烁，一直看到它成了剪影，那算是我对于这塔的拜见礼。在路上因车摆动太甚，稍稍觉晕，到后即愈。县长养有好马，回程当借匹骑走，可免受晕车苦罪。

……

今天正式的去拜见佛宫寺塔，绝对的 Drewbelming，好到令人叫绝，喘不出一口气来半天！

塔共有五层，但是下层有副塔（注：重檐建筑之次要一层，宋式谓之副塔），上四层，每层有平座（实算共十层），因梁架斗拱之间，每层须量俯视、仰视、平面各一；共二十个平面图要画！塔平面是八角，每层须做一个正中线和一个斜中线的断面。斗拱不同者三四十种，工作是意外的繁多，意外的有趣，未来前的"五天"工作预示恐怕不够太多。

塔身之大，实在惊人。每面三开间，八面完全同样。我的第一个感触，便是可惜你不在此同我享此眼福，不然我真不知你要几体投地的倾倒！回想在大同善化寺暮色里面向着塑像瞪目咋舌的情形，使我愉快得不愿忘记那一刹那人生稀有的，由审美本能所触发的锐感。尤其是同几个兴趣同样的人，在同一个时候浸在那锐感里边。士能①忘情时那句"如果

---

① 指刘敦桢先生。

元明以后有此精品，我的刘字倒挂起来了"，我时常还听得见。这塔比起大同诸殿更加雄伟，单是那高度已可观。士能很高兴他竟听我们的劝说没有放弃这一处同来看看，虽然他要不待测量先走了。

应县是个小小的城，是一个产盐区。在地下掘下不深就有咸水，可以煮盐，所以是个没有树的地方，在塔上看全城，只数到十四棵不很高的树！

工作繁重，归期怕要延长得多，但一切吃住都还舒适，住处离塔亦不远，请你放心……

……

通讯（三）

士能已回，我同莫君①留此详细工作，离家已将一月却似更久。想北平正是秋高气爽的时候。非常想家！

相片已照完，十层平面全量了，并且非常精细，将来誊画正图时可以省事许多。明天起，量斗拱和断面，又该飞檐走壁了。我的腿已有过厄运，所以可以不怕。现在做熟了，希望一天可以做两层，最后用仪器测各檐高度和塔刹，三四天或可竣工。

这塔真是个独一无二的伟大作品。不见此塔，不知木构的可能性到了什么程度。我佩服极了，佩服建造这塔的时代和那时代里不知名的大建筑师，不知名的匠人。

这塔的现状尚不坏，虽略有朽裂处。八百七十余年的风雨它不动声色地承受了，并且它还领教过现代文明：民国十六

---

① 指莫宗江先生。

七年间冯玉祥攻山西时，这塔曾吃了不少的炮弹，痕迹依然存在，这实在叫我脸红。第二层有一根泥道拱竟为打去一节，第四层内部阑额内尚嵌着一弹未经取出，而最下层西面两檐柱都有碗口大小的孔，正穿通柱身，可谓无独有偶。此外枪孔无数，幸而尚未打倒，也算是这塔的福气。现在应县人士有捐钱重修之议，将来回平后将不免为他们奔走一番，不用说动工时还须再来应县一次。

　　×县至今无音信，虽然前天已发电去询问，若两三天内回信来，与大同诸寺略同则不去，若有唐代特征如人字拱鸱尾等等，则一步一磕头也要去的！……

通讯（四）

　　……这两天工作颇顺利，塔第五层（即顶层）的横断面已做了一半，明天可以做完。断面做完之后将有顶上之行，实测塔顶相轮之高；然后楼梯、栏杆、格扇的详样；然后用仪器测全高及方向；然后抄碑；然后检查损坏处以备将来修理。我对这座伟大建筑物目前的任务，便暂时告一段落了。

　　今天工作将完时，忽然来了一阵"不测的风云"。在天晴日美的下午五时前后狂风暴雨，雷电交作。我们正在最上层梁架上，不由得不感到自身的危险，不单是在二百八十多尺高将近千年的木架上，而且紧在塔顶铁质相轮之下，电母风伯不见得会讲特别交情。我们急着爬下，则见实测记录册子已被吹开，有一页已飞到栏杆上了。若再迟半秒钟，则十天的工作有全部损失的危险。我们追回那一页后，急步下楼——约五分钟——到了楼下，却已有一线骄阳，由蓝天云隙里射出，风雨雷电已全签了停战协定了。我抬头看塔仍然存在，庆祝它又避过了一次雷打的危险，在急流成渠的街道上回到住处去。

　　我在此每天除爬塔外，还到 ×× 斋看了托我买信笺的那位先生。他因生意萧条，现在只修理钟表而不照相了……

　　这一段小小的新闻，抄用原来的通讯，似乎比较可以增加读者的兴趣，又可以保存朝拜这古塔的人的工作时印象和经过，又可以省却写这段消息的人说出旁枝的话。虽然在通讯里没讨论到结构上的专门方面，但是在那一部侦探小说里也自成一章，至少那 ×× 斋照相馆的事例颇有始有终，思成和这塔的姻缘也可称圆满。

　　关于这塔，我只有一桩事要加附注。在佛宫寺的全部平面布置上，这塔恰恰在全寺的中心，前有山门、钟楼、鼓楼、东西两配殿，后面有桥道平台，台上还有东西两配殿和大配。这是个极有趣的布置，至少我们疑心古代的伽蓝有许多是如此把高塔放在当中的。

《清式营造则例》第一章　绪论[①]

一

　　中国建筑为东方独立系统，数千年来，继承演变，流布极广大的区域。虽然在思想及生活上，中国曾多次受外来异族的影响，发生多少变异，而中国建筑直至成熟繁衍的后代，竟仍然保存着它固有的结构方法及布置规模，始终没有失掉它原始面目，形成一个极特殊、极长寿、极体面的建筑系统。故这系统建筑的特征，足以加以注意的，显然不单是其特殊的形式，而是产生这特殊形式的基本结构方法和这结构法在这数千年中单纯顺序的演进。

　　所谓原始面目，即是我国所有建筑，由民舍以至宫殿，均由若干单个独立的建筑物集合而成；而这单个建筑物，由最古代简陋的胎形，到最近代穷奢极巧的殿宇，均始终保留着三个基本要素：台基部分，柱梁或木造部分及屋顶部分。在外形上，三者之

---

　　①　本文原收在梁思成先生所著《清式营造则例》一书中；本书脱稿于1932年3月。为着许多困难，到1934年1月始由中国营造学社出版，京城印书局印行。出版时梁思成序，末署：中华民国二十三年一月。正文第一章之末又署出：林徽音　中华民国二十三年一月。1934年1月应是出书时最后定稿的时间。

中，最庄严美丽，迥然殊异于他系建筑，为中国建筑博得最大荣誉的，自是屋顶部分。但在技艺上，经过最艰巨的努力，最繁复的演变，登峰造极，在科学美学两层条件下最成功的，却是支承那屋顶的柱梁部分，也就是那全部木造的骨架。这全部木造的结构法，也便是研究中国建筑的关键所在。

中国木造结构方法，最主要的就在构架之应用。北方有句通行的谚语："墙倒房不塌。"正是这结构原则的一种表征。其用法则在构屋程序中，先用木材构成架子作为骨干，然后加上墙壁，如皮肉之附在骨上，负重部分全赖木架，毫不借重墙壁（所有门窗装修部分绝不受限制，可尽量充满木架下空隙，墙壁部分则可无限制地减少）；这种结构法与欧洲古典派建筑的结构法，在演变的程序上，互异其倾向。中国木构正统一贯享了三千多年的寿命，仍还健在。希腊古代木构建筑则在纪元前十几世纪，已被石取代，由构架变成垒石，支重部分完全倚赖"荷重墙"（墙既荷重，墙上

中国建筑的基本形制：台基、柱梁以及屋顶

28

哥特式构架

开辟门窗处，因能减损荷重力量，遂受极大限制；门窗与墙在同建筑中乃成冲突原素）。在欧洲各派建筑中，除去最现代始盛行的钢架法及钢筋水泥构架法外，唯有哥特式建筑，曾经用过构架原理；但哥特式仍是垒石发券作为构架，规模与单纯木架甚是不同。哥特式中又有所谓"半木构法"则与中国构架极相类似。唯因有垒石制影响之同时存在，此种半木构法之应用，始终未能如中国构架之彻底纯净。

屋顶的特殊轮廓为中国建筑外形上显著的特征，屋檐支出的深远则又为其特点之一。为求这檐部的支出，用多层曲木承托，便在中国构架中发生了一个重要的斗拱部分；这斗拱本身的进展，且代表了中国各时代建筑演变的大部分历程。斗拱不唯是中国建筑独有的一个部分，而且在后来还成为中国建筑独有的一种制度。就我们所知，至迟自宋始，斗拱就有了一定的大小权衡；以斗拱

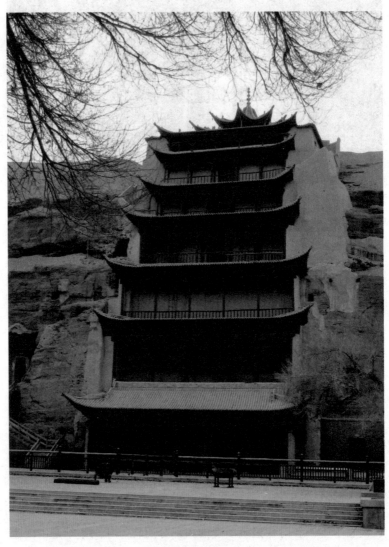

敦煌九层楼

之一部为全部建筑物权衡的基本单位，如宋式之"材""栔"与清式之"斗口"。这制度与欧洲文艺复兴以后以希腊罗马旧物作则所制定的法式，以柱径之倍数或分数定建筑物各部一定的权衡极相类似。所以这用斗拱的构架，实在是中国建筑真髓所在。

斗拱后来虽然变成构架中极复杂之一部，原始却甚简单，它的历史竟可以说与华夏文化同长。秦汉以前，在实物上，我们现在还没有发现有把握的材料，供我们研究，但在文献里，关于描写构架及斗拱的词句，则多不胜载；如臧文仲之"山节藻棁"，鲁灵光殿"层栌以岌峨，曲要绍而环句……"等。但单靠文人的辞句，没有实物的印证，由现代研究工作的眼光看去极感到不完满。没有实物我们是永没有法子真正认识，或证实，如"山节""层栌""曲妍"这些部分之为何物，但猜疑它们为木构上斗拱部分，则大概不会太谬误的。现在我们只能希望在最近的将来考古家实地挖掘工作里能有所发现，可以帮助我们更确实地了解。

实物真正之有"建筑的"价值者，现在只能上达东汉。墓壁的浮雕画像中往往有建筑的图形；山东、四川、河南多处的墓阙，虽非真正的宫室，但是用石料摹仿木造的实物（早代木造建筑，因限于木料之不永久性，不能完整地存到今日，所以供给我们研究的古代实物，多半是用石料明显地摹仿木造的建筑物。且此例不单限于中国古代建筑）。在这两种不同的石刻之中，构架上许多重要的基本部分，如柱、梁、额、屋顶、瓦饰等等，多已表现；斗拱更是显著，与两千年后的，在制度、权衡、大小上，虽有不同，但其基本的观念和形体，却是始终一贯的。

在云冈、龙门、天龙山诸石窟，我们得见六朝遗物。其中天龙山石窟，尤为完善，石窟口凿成整个门廊，柱、额、斗拱、椽、檐、瓦，样样齐全。这是当时木造建筑忠实的石型，由此我们可以看到当时斗拱之形制和结构雄大、简单疏朗的特征。

唐代给后人留下的实物最多是砖塔，垒砖之上又雕刻成木造部分，如柱，如阑额、斗拱。唐时木构建筑完整存在到今日，虽属可能，但在国内至今尚未发现过一个，所以我们常依赖唐人壁画里所描画的伽蓝、殿宇，来作各种参考。由西安大雁塔门楣上石刻——一幅惊人的清晰写真的描画——研究斗拱，知已较六朝更进一步。在柱头的斗拱上有两层向外伸出的翘，翘头上已有横拱厢拱。敦煌石窟中唐五代的壁画，用鲜明准确的色与线，表现出当时殿宇楼阁，凡是在建筑的外表上所看得见的结构，都极忠实地表现出来。斗拱虽是难于描画的部分，但在画里却清晰，可以看到规模。当时建筑的成熟实已可观。

全个木造实物，国内虽尚未得见唐以前物，但在日本则有多处，尚巍然存在。其中著名的，如奈良法隆寺之金堂，五重塔和中门，乃飞鸟时代物，适当隋代，而其建造者乃由高丽东渡的匠师。奈良唐招提寺的金堂及讲堂乃唐僧鉴真法师所立，建于天平时代，适为唐肃宗至德二年（757 年）。这些都是隋唐时代中国建筑在远处得流传者，为现时研究中国建筑演变的极重要材料，尤其是唐招提寺的金堂，斗拱的结构与大雁塔石刻画中的斗拱结构几乎完全符合——一方面证明大雁塔刻画之可靠，一方面又可以由这实物一探当时斗拱结构之内部。

宋辽遗物甚多，即限于已经专家认识、摄影或测绘过的各处来说，最古的已有距唐末仅数十年时的遗物。近来发现又重新刊行问世的李明仲《营造法式》一书，将北宋晚年"官式"建筑，详细地用图样说明，乃是罕中又罕的术书。于是宋代建筑蜕变的程序，步步分明，使我们对这上承汉唐、下启明清的关键，已有十分满意的把握。

元明术书虽然没有存在的，但遗物可征者，现在还有很多，不难加以相当整理。清代于雍正十二年钦定公布《工程做法则例》，凡在北平的一切公私建筑，在京师以外许多的"敕建"建筑，都崇奉则例，不敢稍异。现在北平的故宫及无数庙宇，可供清代营造制度及方法之研究。优劣姑不论，其为我国几千年建筑的嫡嗣，则绝无可疑。不研究中国建筑则已，如果认真研究，则非对清代则例相当熟识不可。在年代上既不太远，术书遗物又最完全，先着手研究清代，是势所必然。有一近代建筑知识作根底，研究古代建筑时，在比较上便不至茫然无所依傍，所以研究清式则例，也是研究中国建筑史者所必须经过的第一步。

二

以现代眼光，重新注意到中国建筑的一般人，虽然尊崇中国建筑特殊外形的美丽，却常忽视其结构上之价值。这忽视的原因，常常由于笼统地对中国建筑存一种不满的成见。这不满的成见中最重要的成分，是觉到中国木造建筑之不能永久。其所以不能永久的主因，究为材料本身或是其构造法的简陋，却未尝深加探讨。中国建筑在平面上是离散的，若干座独立的建筑物，分配在院宇各方，所以虽然最主要雄伟的宫殿，若是以一座单独的结构，与欧洲任何全座负盛名的石造建筑物比较起来，显然小而简单，似有逊色。这个无形中也影响到近人对本国建筑的怀疑或蔑视。

中国建筑既然有上述两特征，以木材作为主要结构材料，在

颐和园的谐趣园体现了中国建筑平面上离散的特点

平面上是离散的独立的单座建筑物，严格的，我们便不应以单座建筑作为单位，与欧美全座石造繁重的建筑物作任何比较。但是若以今日西洋建筑学和美学的眼光来观察中国建筑本身之所以如是，和其结构历来所本的原则及其所取的途径，则这统系建筑的内容，的确是最经得起严酷的分析而无所惭愧的。

我们知道一座完善的建筑，必须具有三个要素：适用、坚固、美观。但是这三个条件都不是有绝对标准的。因为任何建筑皆不能脱离产生它的时代和环境来讲的，其实建筑本身常常是时代环境的写照。建筑里一定不可避免的，会反映着各时代的智识、技能、思想、制度、习惯和各地方的地理气候。所以所谓适用者，只是适合于当时当地人民生活习惯、气候环境而讲。所谓坚固，更不能脱离材料本质而论；建筑艺术是产生在极酷刻的物理限制之下，天然材料种类很多，不一定都凑巧被人采用，被选择采用的材料，更不一定就是最坚固、最容易驾驭的。既被选用的材料，人们又常常习惯继续将就它，到极长久的时间，虽然在另一方面，或者又引用其他材料、方法，在可能范围内来补救前者的不足。所以建筑艺术的进展，大部也就是人们选择、驾驭、征服天然材料的试验经过。所谓建筑的坚固，只是不违背其所用材料之合理的结构原则，运用通常智识技巧，使其在普通环境之下——兵火例外——能有相当永久的寿命。例如石料本身比木料坚固，然在中国用木的方法竟达极高度的圆满，而用石的方法甚不妥当，且建筑上各种问题常不能独用石料解决，即有用石料处亦常发生弊病，反比木质的部分容易损毁。

至于论建筑上的美，浅而易见的，当然是其轮廓、色彩、材质等，但美的大部分精神所在，却蕴于其权衡中：长与短之比，平面上各大小部分之分配，立体上各体积各部分之轻重均等，所谓增一分则太长、减一分则太短的玄妙。但建筑既是主要解决生

颐和园十七孔桥展现的正是中国式的建筑美

活上的各种实际问题，而用材料所结构出来的物体，所以无论美的精神多缥缈难以捉摸，建筑上的美，是不能脱离合理的、有机能的、有作用的结构而独立。能呈现平稳、舒适、自然的外象；能诚实地袒露内部有机的结构，各部的功用及全部的组织；不事掩饰；不矫揉造作；能自然地发挥其所用材料的本质特性；只设施雕饰于必需的结构部分，以求更和悦的轮廓，更协调的色彩；不勉强结构出多余的装饰物来增加华丽；不滥用曲线或色彩来求媚于庸俗——这些便是"建筑美"所包含的各条件。

中国建筑，不容疑义的，曾经具备过以上所说的三个要素：适用、坚固、美观。在木料限制下经营结构"权衡俊美的""坚固的"的各种建筑物，来适应当时当地的种种生活习惯的需求。我们只说其"曾经"具备过这三要素；因为中国现代生活种种与旧日积渐不同，所以旧制建筑的各种分配，随着便渐不适用。尤其是因政治制度和社会组织忽然改革，迥然与先前不同，一方面许多建筑物完全失掉原来功用——如宫殿、庙宇、官衙、城楼等等；一方面又需要因新组织而产生的许多公共建筑——如学校、医院、工厂、驿站、图书馆、体育馆、博物馆、商场等等——在适用一条下，现在既完全地换了新问题，旧的答案之不能适应，自是理之当然。

中国建筑坚固问题，在木料本质的限制之下，实是成功的，下文分析里，更可证明其在技艺上，有过极艰巨的努力，而得到许多圆满且可骄傲的成绩。如"梁架"，如"斗拱"，如"翼角翘起"种种结构做法及用材。直至最近代科学猛进，坚固标准骤然提高之后，木造建筑之不永久性，才令人感到不满意。但是近代新发明的科学材料，如钢架及钢骨水泥，作木石的更经济更永久的替代，其所应用的结构原则，却正与我们历来木造结构所本的原则符合。所以即使木料本身有遗憾，因木料所产生的中国结构制度的价值则仍然存在，且这制度的设施，将继续应用在新材料上，效劳于我国将来的新建筑。这一点实在是值得注意的。

以往建筑即使因人类生活状态之更换，致失去原来功用，其历史价值不论，其权衡俊秀或魁伟，结构灵活或诚朴，其纯美术的价值仍显然是绝不能讳认的。古埃及的陵殿，希腊的神庙，中世纪的堡垒，文艺复兴中的宫苑，皆是建筑中的至宝，虽然其原始作用已全失去。虽然建筑的美术价值不会因原始作用失去而低减，但是这建筑的"美"却不能脱离适当的、有机的、有作用的结构而独立。

中国建筑的美就是合于这原则；其轮廓的和谐，权衡的俊秀伟丽，大部分是有机、有用的结构所直接产生的结果。并非因其有色彩，或因其形式特殊，我们才推崇中国建筑；而是因产生这

希腊帕特农神庙

特殊式样的内部是智慧的组织，诚实的努力。中国木造构架中凡是梁、栋、檩、椽及其承托、关联的结构部分，全部袒露无遗；或稍经修饰，或略加点缀，大小错杂，功用昭然。

三

虽然中国建筑有如上述的好处，但在这三千年中，各时期差别很大，我们不能笼统地一律看待。大凡一种艺术的始期，都是简单的创造，直率的尝试；规模初具之后，才节节进步使达完善，那时期的演变常是生气勃勃的。成熟期既达，必有相当时期因承相袭，规定则例，即使对前制有所更改，亦仅限于琐节。单在琐节上用心"过犹不及"的增繁弄巧，久而久之，原始骨干精神必至全然失掉，变成无意义的形式。中国建筑艺术在这一点上也不是例外，其演进和退化的现象极明显的，在各朝代的结构中，可以看得出来。唐以前的，我们没有实物作根据，但以我们所知道的早唐和宋初实物比较，其间显明的进步，使我们相信这时期必仍是生气勃勃、一日千里的时期。结构中含蕴早期的直率及魄力，而在技艺方面又渐精审成熟。以宋代头一百年实物和北宋末年所规定的则例（宋李明仲《营造法式》）比看，它们相差之处，恰恰又证实成熟期到达后，艺术的运命又难免趋向退化。但建筑物的建造不易，且需时日，它的寿命最短亦以数十年、半世纪计算。所以演进退化，也都比较和缓转折。所以由南宋而元而明而清八百余年间，结构上的变化，虽无疑的均趋向退步，但中间尚有起落的波澜，结构上各细部虽多已变成非结构的形式，用材方面虽已渐渐过当的不经济，大部分骨干却仍保留着原始结构的功用，构架的精神尚挺秀健在。

现在且将中国构架中大小结构各部作个简单的分析，再将几个部分的演变略为申述，俾研究清式则例的读者，稍识那些严格规定的大小部分的前身，且知分别何者为功用的、魁伟诚实的骨干，何者为功用部分之堕落、成为纤巧非结构的装饰物。即引用清式则例之时，若需酌量增减变换，亦可因稍知其本来功用而有所凭借，或恢复其结构功用的重要，或矫正其纤细取巧之不适当者，或裁削其不智慧的奢侈的用材。在清制权衡上既知其然，亦可稍知其所以然。

构架 木造构架所用的方法，是在四根立柱的上端，用两横梁两横枋周围牵制成一间。再在两梁之上架起层叠的梁架，以支桁；桁通一间之左右两端，从梁架顶上脊瓜柱上，逐级降落，至前后枋上为止。瓦坡曲线即由此而定。桁上钉椽，排比并列，以承望板；望板以上始铺瓦作，这是构架制骨干最简单的说法。这"间"所以是中国建筑的一个单位，每座建筑物都是由一间或多间合成的。

这构架方法之影响至其外表式样的，有以下最明显的几点：（一）高度受木材长短之限制，绝不出木材可能的范围。假使有高至二层以上的建筑，则每层自成一构架，相叠构成，如希腊、罗马之叠柱式。（二）即极庄严的建筑，也呈现绝对玲珑的外表。结构上无论建筑之大小，绝不需要坚厚的负重墙，除非故意为表现雄伟时，如城楼等建筑，酌量增厚。（三）门窗大小可以不受限制；柱与柱之间可以全部安装透光线的小木作——门屏窗扇之类，使室内有充分的光线。不似垒石建筑门窗之为负重墙上的洞，门

斗拱

窗之大小与墙之坚弱是成反比例地。（四）层叠地梁架逐层增高，成"举架法"[①]，使屋顶瓦坡自然地、结构地获得一种特别的斜曲线。

斗拱　　中国构架中最显著且独有的特征便是屋顶与立柱间过渡的斗拱。椽出为檐，檐承于檐桁上，为求檐伸出深远，故用重叠的曲木——翘——向外支出，以承挑檐桁。为求减少桁与翘相交处的剪力，故在翘头加横的曲木——拱。在拱之两端或拱与翘相交处，用斗形木块——斗——垫托于上下两层拱或翘之间。这多数曲木与斗形木块结合在一起，用以支撑伸出的檐者，谓之斗拱。

这檐下斗拱的职能，是使房檐的重量渐次集中下来直到柱的上面。但斗拱亦不限于檐下，建筑物内部柱头上亦多用之，所以斗拱不分内外，实是横展结构与立柱间最重要的关节。

──────────

　　　　①　详见第三章及图版十五。

在中国建筑演变中，斗拱的变化极为显著，竟能大部分地代表各时期建筑技艺的程度及趋向。最早的斗拱实物我们没有木造的，但由仿木造的汉石阙上看，这种斗拱，明显较后代简单得多；由斗上伸出横拱，拱之两端承檐桁。不止我们不见向外支出的翘，即和清式最简单的"一斗三升"比较，中间的一升亦未形成（虽有，亦仅为一小斗介于拱之两端）。直至北魏北齐，如云冈天龙山石窟前门，始有斗拱像今日的一斗三升之制。唐大雁塔石刻门楣上所画斗拱，给予我们证据，唐时已有前面向外支出的翘（宋称华拱）且是双层，上层托着横拱，然后承桁。关于唐代斗拱形状，我们所知道的，不只限于大雁塔石刻，鉴真所建奈良唐招提寺金堂，其斗拱结构与大雁塔石刻极相似，由此我们也稍知此种斗拱后尾的结束。进化的斗拱中最有机的部分"昂"，亦由这里初次得见。

国内我们所知道最古的斗拱结构，则是思成前年在河北蓟县所发现的独乐寺的观音阁，阁为北宋初年（984）物，其斗拱结构的雄伟、诚实，一望而知其为有功用有机能的组织。这个斗拱中两昂斜起，向外伸出特长，以支深远的出檐，后尾斜削挑承梁底，如是故这斗拱上有一种应力；以昂为横杆，以大斗为支点，前檐为荷载，而使昂后尾下金桁上的重量下压维持其均衡。斗拱成为一种有机的结构，可以负担屋顶的荷载。

由建筑物外表之全部看来，独乐寺观音阁与敦煌的五代壁画极相似，连斗拱的构造及分布亦极相同。以此作最古斗拱之实例，向下跟着时代看斗拱演变的步骤，以至清代，我们可以看出一个一定的倾向，因而可以定清式斗拱在结构和美术上的地位。

辽宋元明清斗拱比较图，不必细看，即可见其倾向：（一）由

宋初
辽统和二年即宋雍熙元年
984 A.D

宋初
辽太平五年即宋天圣二年
1025 A.D

宋
元符三年
1100 A.D

蓟县独乐寺观音阁

观音阁上层檐柱甚短

在地面时应有
将柱加高以示
虚线接柱高
之权衡　　a

宝坻广济寺三大士殿

b

按营造法式

c

1　0　1　2　3　米
比例尺

元（？）
至正十七年重修
1357（？）

明
正统八年
1433

清
雍正十二年
1734

正定阳和楼

d

北平智化寺

e

按工程做法

f

1　0　1　2　3　米
比例尺

宋元明清斗拱之比较

42

大而小；（二）由简而繁；（三）由雄壮而纤巧；（四）由结构的而装饰的；（五）由真结构的而成假刻的部分，如昂部；（六）分布由疏朗而繁密。

图中斗拱 a 及 b 都是辽圣宗朝物，可以说是北宋初年的作品。其高度约占柱高之半至五分之二。f 柱与 b 柱同高，斗拱出踩较多一踩，按《工程做法则例》的尺寸，则斗拱高只及柱高之四分之一。而辽清间的其他斗拱如 c，d，e，f 年代愈后，则斗拱与柱高之比愈小。在比例上如此，实际尺寸亦如此。于是，后代的斗拱日趋繁杂纤巧，斗拱的功用日渐消失。如斗拱原为支檐之用，至清代则将挑檐桁放在梁头上，其支出远度无所赖于层层支出的曲木（翘或昂）。而辽宋斗拱，如 a 至 d 各图，均为一种有机的结构，负责承受檐及屋顶的荷载。明清以后的斗拱，除在柱头上者尚有相当结构机能外，其平身科已成为半装饰品了。至于斗拱之分布，在唐画中及独乐寺所见，柱头与柱头之间，率只用补间斗拱（清称平身科）一朵（攒）；《营造法式》规定当心间用两朵，次梢间用一朵。至明清以斗口十一分定攒档，两柱之间，可以用到八攒平身科，密密地排列，不止全没有结构价值，本身反成为额枋上重累，比起宋建，雄壮豪劲相差太多了。

梁架用材的力学问题，清式较古式及现代通用的结构法，都有个显著的大缺点。现代用木梁，多使梁高与宽作二与一或三与二之比，以求其最经济最得力的权衡。宋《营造法式》也规定为三与二之比。《工程做法则例》则定为十与八或十二与十之比，其断面近乎正方形，又是个不科学不经济的用材法。

屋顶　历来被视为极特异极神秘之中国屋顶曲线，其实只是结构上直率自然的结果，并没有什么超出力学原则以外和矫揉造作之处，同时在实用及美观上皆异常的成功。这种屋顶全部的曲线及轮廓，上部巍然高耸，檐部如翼轻展，使本来极无趣、极笨拙的实际部分，成为整个建筑物美丽的冠冕，是别系建筑所没有的特征。

因雨水和光线的切要实题，屋顶早就扩张出檐的部分。出檐远，檐沿则亦低压，阻碍光线，且雨水顺势急流，檐下亦发生溅水问题。为解决这两个问题，于是有飞檐的发明：用双层椽子，上层椽子微曲，使檐沿向上稍翻成曲线。到屋角时，更同时向左右抬高，使屋角之檐加甚其仰翻曲度。这"翼角翘起"，在结构上是极合理、极自然的布置，我们竟可以说：屋角的翘起是结构法所促成的。因为在屋角两檐相交处的那根主要构材——"角梁"及上段"由戗"——是较椽子大得很多的木材，其方向是与建筑物正面成四十五度的，所以那并排一列椽子，与建筑物正面成直角的，到了靠屋角处必须积渐开斜，使渐平行于角梁，并使最后一根直到紧贴在角梁旁边。但又因椽子同这角梁的大小悬殊，要使椽子上皮与角梁上皮平，以铺望板，则必须将这开舒的几根椽子依次抬高，在底下垫"枕头木"。凡此种种皆是结构上的问题适当的，被技巧解决了的。

这道曲线在结构上几乎是不可信的简单和自然，而同时在美观上不知增加多少神韵。不过我们须注意过当或极端的倾向，常将本来自然合理的结构变成取巧和复杂。这过当的倾向，表面上且呈出脆弱虚矫的弱点，为审美者所不取。但一般人常以愈巧愈繁必是愈美，无形中多鼓励这种倾向。南方手艺灵活的地方，飞檐及翘角均特别过当，外观上虽有浪漫的姿态，容易引人赞美，但到底不及北方现代所常见的庄重恰当，合于审美的真纯条件。

屋顶的曲线不止限于"翼角翘起"与"飞檐"，即瓦坡的全部，也是微曲的不是一片直的斜坡；这曲线之由来乃从梁架逐层加高而成，称为"举架"，使屋顶斜度越上越峻峭，越下越和缓。《考工记》中有"……轮人为盖……上欲尊而宇欲卑，上尊而宇卑，则吐水疾而溜远"，很明白地解释这种屋顶实际上的效用。在外观上又因这"上尊而宇卑"，可以矫正本来屋脊因透视而减低的倾向，使屋顶仍得巍然屹立，增加外表轮廓上的美。

至于屋顶上许多装饰物，在结构上也有它们的功用，或是曾经有过功用的。诚实地来装饰一个结构部分，而不肯勉强地来掩蔽一个结构枢纽或关节，是中国建筑最长之处；在屋顶瓦饰上，这原则仍是适用的。脊瓦是两坡接缝处重要的保护者，值得相当的注意，所以有正脊垂脊等部位之应用。又因其位置之重要，略

飞檐上的神兽

45

异其大小，所以正脊比垂脊略大。正脊上的正吻和垂脊上的走兽等等，无疑的也曾是结构部分。我们虽然没有证据，但我们若假定正吻原是管着脊部木架及脊外瓦盖的一个总关键，也不算一种太离奇的幻想；虽然正吻形式的原始，据说是因为柏梁台灾后，方士说"南海有鱼虬，尾似鸱，激浪降雨"，所以做成鸱尾象，以厌火祥的。垂脊下半的走兽仙人，或是斜脊上钉头经过装饰以后的变形。每行瓦陇前头一块上面至今尚有盖钉头的钉帽，这钉头是防止瓦陇下溜的。垂脊上饰物本来必不如清式复杂，敦煌壁画里常见用两座"宝珠"，显然像木钉的上部略经雕饰的。垂兽在斜脊上段之末，正分划底下骨架里由戗与角梁的节段，使这个瓦脊上饰物，在结构方面又增一种意义，不纯出于偶然。

台基　　台基在中国建筑里也是特别发达的一部，也有悠久的历史。《史记》里记载："尧之有天下也，堂高三尺。"汉有三阶之制，左右平；三阶就是基台，即台阶的踏道，平即御路。这台基

皇家建筑中的脊兽使用起来显得最隆重，

一共有十一个之多

部分如希腊建筑的台基一样，是建筑本身之一部，而不可脱离的。在普通建筑里，台基已是本身中之一部，而在宫殿庙宇中尤为重要。如北平故宫三殿，下有白石崇台三重，为三殿做基座，如汉之三阶。这正足以表示中国建筑历来在布局上也是费了精详的较量，用这舒展的基座，来托衬壮伟巍峨的宫殿。在这点上日本徒知摹仿中国建筑的上部，而不采用底下舒展的基座，致其建筑物常呈上重下轻之势。近时新建筑亦常有只注重摹仿旧式屋顶而摒弃底下基座的。所以那些多层的所谓仿宫殿式地崇楼华宇，许多是生硬地直出泥上，令人生不快之感。

关于台基的演变，我不在此赘述，只提出一个最值得注意之点来以供读《清式则例》时参考。台基有两种：一种平削方整的；另一种上下加枭混，清式称须弥座台基。这须弥座台基就是台基而加雕饰者，唐时已有，见于壁画，宋式更有见于实物的，且详载于《营造法式》中。但清式须弥座台基与唐宋的比较有个大不相同处：清式称"束腰"的部分，介于上下枭混之间，是一条细窄长道，在前时却是较大的主要部分——可以说是整个台基的主体。所以唐宋的须弥座基一望而知是一座台基上下加雕饰者，而清式的上下枭混与束腰竟是不分宾主，使台基失掉主体而纯像雕纹，在外表上大减其原来雄厚力量。在这一点上我们便可以看出清式在雕饰方面加增华丽，反倒失掉主干精神，实是个不可讳认的事实。

色彩　　色彩在中国建筑上所占的位置，比在别式建筑中重要得多，所以也成为中国建筑主要特征之一。油漆涂在木料上本来为的是避免风日雨雪的侵蚀；因其色彩分配的得当，所以又兼收实用与美观上的长处，不能单以色彩作奇特繁杂之表现。中国建筑上色彩之分配，是非常慎重的。檐下阴影掩映部分，主要色彩多为"冷色"，如青蓝碧绿，略加金点。柱及墙壁则以丹赤为其主色，与檐下幽阴裹冷色的彩画正相反其格调。有时庙宇的柱廊竟以黑色为主，与阶陛的白色相映衬。这种色彩的操纵可谓轻重得当，极含蓄的能事。我们建筑既为用彩色的，设使这些色彩竟滥用于建筑之全部，使上下耀目辉煌，势必鄙俗妖冶，乃至野蛮，无所谓美丽和谐或庄严了。琉璃于汉代自宾传入中国，用于屋顶当始于北魏、明清两代，应用尤广，这个由外国传来的宝贵建筑材料，更使中国建筑放一异彩。本来轮廓已极优美的屋宇，再加以琉璃色彩的宏丽，那建筑的冠冕便几无瑕疵可指。但在瓦色的分配上也是因为操纵得宜；尊重纯色的庄严，避免杂色的猥琐，才能如此成功。琉璃瓦即偶有用多色的例，亦只限于庭园小建筑物上面，且用色并不过滥，所砌花样亦能单简不奢。既用色彩又能俭约，实是我们建筑术中值得自豪的一点。

须弥台基

　　平面　　关于中国建筑最后还有个极重要的讨论，那就是它的平面布置问题。但这个问题广大复杂，不包括于本绪论范围之内，现在不能涉及。不过有一点是研究清式则例者不可不知的，当在此略一提到。凡单独一座建筑物的平面布置，依照清《工部工程做法》所规定，虽其种类似乎众多不等，但到底是归纳到极

48

呆板、极简单的定例。所有均以四柱牵制成一间的原则为主体的，所以每座建筑物中柱的分布是极规则的。但就我们所知道宋代单座遗物的平面看来，其布置非常活动，比起清式的单座平面自由得多了。宋遗物中虽多是庙宇，但其殿里供佛设座的地方，两旁供立罗汉的地方，每处不同。在同一殿中，柱之大小有几种不同的，正间、梢间柱的数目地位亦均不同的（参看中国营造学社各期《汇刊》辽宋遗物报告）。

所以宋式不止上部结构如斗拱斜昂是有机的组织，即其平面亦为灵活有功用的布置。现代建筑在平面上需要极端的灵活变化，凡是试验采用中国旧式建筑改为现代用的建筑师们，更不能不稍稍知道清式以外的单座平面，以备参考。

工程 现在讲到中国旧的工程学，本是对于现代建筑师们无所补益的，并无研究的价值。只是其中有几种弱点，不妨举出供读者注意而已。

（一）清代匠人对于木料，尤其是梁，往往用得太费。这点上文已讨论过。他们显然不明了横梁载重的力量只与梁高成正比例，而与梁宽的关系较小。所以梁的宽度，由近代工程学的眼光看来，往往嫌其太过。同时匠师对于梁的尺寸，因没有计算木力的方法，不得不尽量放大，用极高的安全率，以避免危险。结果不但是木料之大靡费，而且因梁本身重量太重，以致影响及于下部的坚固。

（二）中国匠师素不用三角形。他们虽知道三角形是唯一不变动几何形，但对于这原则却极少应用。在清式构架中，上部既有过重的梁，又没有用三角形支撑的柱，所以清代的建筑，经过不甚长久的岁月，便有倾斜的危险。北平街上随处有这种已倾斜而用砖墩或木柱支撑的房子。

（三）地基太浅是中国建筑的一个大病。普通则例规定是台明高之一半，下面垫几步灰土。这种做法很不彻底，尤其是在北方，地基若不刨到冰线以下，建筑物的安全方面，一定要发生问题。

好在这几个缺点，在新建筑师手里，根本就不成问题。我们只怕不了解，了解之后，去避免或纠正它是很容易的。

上文已说到艺术有勃起、呆滞、衰落等各种时期，就中国建筑讲，宋代已是规定则例的时期，留下《营造法式》一书；明代的《营造法式》虽未发现，清代的《工程做法则例》却极完整。所以就我们所确知的则例，已有将近千年的根基了。这九百多年之间，建筑的气魄和结构之直率，的确一代不如一代，但是我认为还在抄袭时期；原始精神尚大部保存，未能说是堕落。可巧在这时间，有新材料新方法在欧美产生，其基本原则适与中国几千

青蓝碧绿的彩绘加入，令藻井更加耀目辉煌

年来的构架制同一学理。而现代工厂、学校、医院及其他需要光线和空气的建筑，其墙壁门窗之配置，其铁筋混凝土及钢骨的构架，除去材料不同外，基本方法与中国固有的方法是相同的。这正是中国老建筑产生新生命的时期。在这时期，中国的新建筑师对于他祖先留下的一份产业实在应当有个充分的认识。因此思成将他所已知道的比较详尽的清式则例整理出来，以供建筑师们和建筑学生们参考。他嘱我为作绪论，申述中国建筑之沿革，并略论其优劣，我对于中国建筑沿革所识几微，优劣的评论，更非所敢。姑草此数千言，拉杂成此一篇，只怕对《清式则例》读者无所裨益但乱听闻。不过我敢对读者提醒一声，规矩只是匠人的引导，创造的建筑师们和建筑学生们，虽须要明了过去的传统规矩，却不要盲从则例，束缚自己的创造力。我们要记着一句普通谚语："尽信书不如无书。"①

---

① 详第三章及图版十五。

《中国建筑史》第六章　宋·辽·金部分[①]

第二　北宋之宫殿苑囿寺观都市

宋太祖受周禅，仍以开封为东京，累朝建设于此，故日增月异，极称繁华，洛阳为宋西京，退处屏藩，拱卫京畿，附带繁荣而已。真宗时，虽以太祖旧藩称应天府，建为南京（今河南商丘县），乃即卫城为宫，奉太祖、太宗圣像，终北宋之世，未曾建殿。其正门"犹是双门，未尝改作"[②]。仁宗以大名府为北京，则因契丹声言南下，权为军略措置，建都河北，"示将亲

宋太祖

---

①　梁思成先生于 1954 年元月在油印本《中国建筑史》前言中说："这部稿子是一部集体劳动的果实。……林徽因同志除了对辽、宋的文献部分负责搜集资料并执笔外，全稿都经过她校阅补充。"这里明确说明是《中国建筑史》初稿第六章的宋、辽、金文献部分原为林徽因执笔。

②　叶少蕴《石林燕语》。

52

征，以伐其谋"；亦非美术或经济之动态，实少所营建。

北宋政治经济文化之力量，集中于东京建设者百数十年。汴京宫室坊市繁复增盛之状，乃最代表北宋建筑发展之趋势。

东京旧为汴州，唐建中节度使重筑，周二十里许，宋初号里城。新城为周显德所筑，周四十八里许，号曰外城①。宋太祖因其制，仅略广城东北隅，仿洛阳制度修大内宫殿而已。真宗以"都城之外，居民颇多，复置京新城外八厢"②。神宗徽宗再缮外城，则建敌楼瓮城，又稍增广，城始周五十里余③。

太宗之世，城内已"比汉唐京邑繁庶，十倍其人"④；继则"甲第星罗，比屋鳞次，坊无广巷，市不通骑"⑤。迄北宋盛世，再接再厉，至于"栋宇密接，略无容隙，纵得价钱，何处买地？"其建筑之活跃，不言可喻，汴京因其水路交通，成为经济中枢，乃商业之雄邑，而建为国都者；加以政治原因，"乘舆之下，士庶走集"，其繁荣尤急促；官私建置均随环境展拓，非若隋唐两京皇帝坊市之预布计划，经纬井井者也。其特殊布置，因地理限制及逐渐改善者，后代或模仿以为定制。

汴京有穿城水道四，其上桥梁之盛，为其壮观，河街桥市，景象尤为殊异。大者蔡河，自城西南隅入，至东南隅出，有桥十一。汴河则自东水门外七里，至西水门外，共有桥十三。小者五丈河，自城东北入，有桥五。金水河从西北水门入城，夹墙遮入大内，灌后苑池浦，共有桥三⑥。

---

① ② ③ 《历代帝王宅京记》引赵德麟《侯鲭录》。

④ 《续通鉴长篇》至道元年张洎语。

⑤ 《汴京遗迹志》载《皇畿赋》。

⑥ 孟元老《东京梦华录》。

清明上河图

桥最著者，为汴河上之州桥，正名大汉桥，正对大内御街，即范成大所谓"州桥南北是大街"者也。桥低平，不通舟船，唯西河平船可过，其下密排石柱，皆青石为之；又有石梁石笋楯栏。近桥两岸皆石壁，镌刻海马、水兽、飞云之状。"……州桥之北，御路东西，两阙楼观对耸。……"[1] 金元两都之周桥，盖有意仿此，为宫前制度之一。桥以结构巧异称著，为东水门外之虹桥，"无柱，以巨木虚架，饰以丹，宛如飞虹"[2]。

大内本唐节度使治所，梁建都以为建昌宫，晋号大宁宫，周加营缮，皆未增大，"如王者之制"。太祖始"广皇城东北隅，……命有司画洛阳宫殿，按图修之……，皇居始壮丽。……"[3]

---

①② 孟元老《东京梦华录》。
③ 《宋会要辑稿》。

宫门

　　"宫城周五里"①。南三门，正门名凡数易，至仁宗明道后，始称宣德②，两侧称左掖右掖。宫城东西之门，称东华西华，北门曰拱宸。东华门北更有便门，"西与内直门相直"，成曲屈形。称门③。此门之设及其位置，与太祖所广皇城之东北隅，或大略有关。

　　宣德门又称宣德楼，"下列五门，皆金钉朱漆。壁皆砖石间，镂龙凤飞云之状。……莫非雕甍画栋，峻桷层榱。覆以琉璃瓦，曲尺朵楼，朱栏彩槛。下列两阙亭相对。……"自宣德门南去，"坊巷御街……约阔三百余步。两边乃御廊，旧许市人买卖其间。自政和间，官司禁止，各安立黑漆杈子，路心又安朱漆杈子两行，中心道不得人马行往。行人皆在朱杈子外。杈子内有砖石砌御沟水两道，尽植莲荷。近岸植桃李梨杏杂花；春夏之日，望之如绣"④。宣德楼建筑极壮丽，宫前布置又改缮至此，无怪金元效法作"千步廊"之制矣。

　① 《宋史·地理志》。

　② 《玉海》卷一七〇。

　③ 叶少蕴《石林燕语》。

　④ 孟元老《东京梦华录》。

大内正殿之大致，据史志概括所述，则"正南门（大庆门）内，正殿曰大庆，正衙曰文德。……大庆殿北有紫宸殿，视朝之前殿也。西有垂拱殿，常日视朝之所也。……次西有皇仪殿，又次西有集英殿，宴殿也，殿后有需云殿，东有升平楼，宫中观宴之所也。后宫有崇政殿，阅事之所也。殿后有景福殿，西有殿北向曰延和，便坐殿也。凡殿有门者皆随殿名。……"①

大庆殿本为梁之正衙，称崇元殿，在周为外朝，至宋太祖重修，改为乾元殿，后五十年间曾两被火灾，重建易名大庆。至仁宗景祐中（公元一〇三四年），始又展拓为广庭。"改为大庆殿九间，挟各五间，东西廊各六十间，有龙墀沙墀，正值朝会册尊号御此殿。……郊祀斋宿殿之后阁……"②。又十余年，皇祐中"飨明堂，恭谢天地，即此殿行礼"。"仁宗御篆明堂二字行礼则揭之"。

秦汉至唐叙述大殿之略者，多举其台基之高峻为其规模之要点；独宋之史志及记述无一语及于大殿之台基，仅称大庆殿有龙墀沙墀之制。

"文德殿在大庆殿之西少次"③，亦五代旧有，后唐曰端明，在周为中朝，宋初改文明。后灾重建，改名文德。"紫宸殿在大庆殿之后，少西其次又为垂拱……紫宸与垂拱之间有柱廊相通，每日视朝则御文德，所谓过殿也。东西阁门皆在殿后之两旁，月朔不御过殿，则御紫宸，所谓入阁也"④。文德殿之位置实堪注意。盖据各种记载广德、紫宸、垂拱三殿成东西约略横列之一组，文德既为"过殿"居其中轴，反不处于大庆殿之正中线上，而在其西北

①《宋史·地理志》。

②《玉海》卷一六〇。

③④ 叶少蕴《石林燕语》。

偏也。宋殿之区布情况，即此四大殿论之，似已非绝对均称或设立一主要南北中心线者。

初，太祖营治宫殿，"既成，帝坐万岁殿（福宁殿在垂拱后，国初曰万岁）^①，洞开诸门，端直如绳，叹曰：'此如吾心，小有私曲人皆见之矣。'"^②。对于中线引直似极感兴味。又"命怀义等凡诸门与殿顶相望。无得辄差。故垂拱、福宁、柔仪、清居四殿正重，而左右掖与左右升龙银台等诸门皆然"^③。福宁为帝之正寝，柔仪为其后殿，乃后寝，故垂拱之南北中心线，颇为重要。大庆殿之前为大庆门，其后为紫宸殿，再后，越东华西华横街之北，则有崇政殿，再后更有景福殿，实亦有南北中线之成立，唯各大殿东西部位零落，相距颇远，多与日后发展之便。如皇仪在垂拱之西，集英宴殿自成一组，又在皇仪之西，似皆非有密切关系者，故福宁之两侧后又建置太后宫，如庆寿宝慈，而无困难^④，而柔仪之西，日后又有睿思殿等。

崇政初为太祖之简贤讲武，"有柱廊，次北为景福殿，临放生池"，规模甚壮。太宗真宗仁宗及神宗之世，均试进士于此，后增置东西两阁，时设讲读，诸帝日常"观阵图，或对藩夷，及宴近臣，赐花作乐于此"，盖为宫后宏壮而又实用之常御正殿，非唯"阅事之所"而已^⑤。

宋宫城以内称宫者，初有庆圣及延福，均在后苑，为真宗奉

---

①⑤ 《玉海》卷一六〇。

② 《邵氏闻见录》。

③ 叶少蕴《石林燕语》。

④ 《玉海》卷一五八。

道教所置。广圣宫供奉道家神像，后示奉真宗神御，内有五殿，一阁曰降真，延福宫内有三殿，其中灵顾殿，亦为奉真宗圣容之所。真宗咸平中，"宰臣等言：汉制帝母所居称宫，如长乐积庆……，请命有司为皇太后李建宫立名。……诏以滋福殿（即皇仪）为万安宫"①。母后之宫自此始，英宗以曹太后所居为慈寿宫，至神宗时曹为太皇太后，故改名庆寿（在福宁殿东）；又为高太后建宝慈宫（在福宁西）等皆是也。母后所居既尊为宫，内立两殿，或三殿，与宋以前所谓"宫"者规模大异。此外又有太子所居，至即帝位时改名称宫，如英宗之庆宁宫，神宗之睿成宫皆是②。

初，宋内廷藏书之所最壮丽者为太宗所置崇文院三馆，及其中秘阁，收藏天下图籍③，"栋宇之制皆帝亲授"，后苑又有太清楼，尤在崇政殿西北，楼"与延春仪凤翔鸾诸阁相接，贮四库书"。真宗常"曲宴后苑临水阁垂钓，又登太清楼，观太宗圣制御书，及亲为四库群书，宴太清楼下"④。作诗赐射赏花钓鱼等均在此，及祥符中，真宗"以龙图阁奉太宗御制文集及典籍、图画、宝瑞之物，并置待制学士官，自是每帝置一阁"⑤。天章宝文两阁（在龙图后集英殿西）⑥为真仁两帝时所自命以藏御集，神宗之显谟阁，哲宗之徽猷阁，皆后追建，唯太祖英宗无集不为阁。徽宗御笔则藏敷文阁，是所谓宋"文阁"者也⑦。每阁东西序皆有殿，龙图阁四序曰资政崇和宣德述古⑧，天章阁两序曰群玉蕊珠；宝文

①②⑧ 《玉海》卷一五八。
③⑥ 《玉海》卷一六三。
④⑤ 《玉海》卷一六四。
⑦　李濂《汴京遗迹志》。

阁两序曰嘉德延康。内庭风雅，以此为最，有宋珍视图书翰墨之风，历朝不改，至徽宗世乃臻极盛。宋代精神实多无形寓此类建筑之上。

后苑禁中诸殿，龙图等阁，及太后各宫，无在崇政殿之东者。唯太子读书之资善堂在元符观，居宫之东北隅，盖宫东部为百司供应之所，如六尚局，御厨殿等及禁卫辇官亲从等所在[①]。东华门及宫城供应入口；其外"市井最盛，盖禁中买卖所在"[②]。

所谓外诸司，供应一切燃料、食料、器具、车驾及百物之司，虽散处宫城外，亦仍在旧城外城之东部。盖此以五丈河入城及汴蔡两河出城处两岸为依据。粮仓均沿河而设，由东水门外虹桥至陈州门里，及在五丈河上者，可五十余处[③]。东京宫城以内布置，乃不免受汴梁全城交通趋势之影响。后苑部署偏于宫之西北者，亦缘于"金水河由西北水门入大内，灌其池浦"，地理上之便利也[④]。

考宋诸帝土木之功，国初太祖朝（公元九六〇至九七六年）建设未尝求奢，而多豪壮，或因周庙之制，宋初视为当然，故每有建置，动辄数百间。如太祖诏"于右掖门街临汴水起大第五百间"[⑤]以赐蜀主孟昶；又于"朱雀门外建大第甲于辇下，名礼贤宅，以待钱"[⑥]，及"开宝寺重起缭廊，朵殿凡二百八十区"[⑦]，皆为豪举壮观。及太宗世（公元九七六至九九七年），规模愈大。以其降生地建启圣院，"六年而功毕，殿宇凡九百余间，皆以琉璃瓦覆之"[⑧]。又建上清太平宫："宫成，总千二百四十二区"[⑨]，实启北

---

①②③④　孟元老《东京梦华录》。

⑤《宋朝事实》卷二十。

⑥⑦《玉海》卷七十五。

⑧《玉海》卷六十八。

⑨《玉海》卷一〇〇。

开元寺东塔

宋崇奉道教侈置宫殿之端。其他如崇文院、三馆、秘阁之建筑，"轮奂壮丽，冠乎内庭，近世鲜比"①。"端拱中，开宝寺造塔八角十三层，高三百六十尺。"塔成，"田锡上疏曰：众谓金碧荧煌，臣以为涂膏衅血，帝亦不怒"②。画家郭忠恕，巧匠喻浩，皆当时建筑人材，超绝流辈者也③。

真宗朝（公元九九七至一〇二二年）愈崇道教，趋祥异之说，盛礼缛仪，费金最多。作玉清照应宫"凡二千六百一十楹，以丁谓为修宫使，调诸州工匠为之，七年而成"。不仅工程浩大，乃尤重巧丽制作。所用木石彩色颜料均四方精选④。殿宇外有山池亭阁之设，环殿及廊庑皆遍绘壁画。艺术之精，冠于北宋历朝宫观。殿上梁日，"上皆亲临护，……工人以文缯裹梁，金木，寓龙负之辂以升。……修宫使以下及营缮掌事者，咸赐以衣带金帛"⑤。此宫兴作之严重，实为特殊，此后真宗其他建置莫能及，但南熏门外奉五岳之会灵观，及大内南，奉圣祖之景灵宫（宫之南壁绘赵氏事迹二十八事）则皆制度华美，均以丁谓董其事。京师以外，

---

① 《玉海》卷六十八。

② 《玉海》卷一六四。

③ 僧文莹《玉壶清话》。

④⑤ 《宋朝事实》卷七。

宋真宗　　　　　　　　　　　宋仁宗

宫观亦多宏大，且诏天下州府，皆建道观一所，即以天庆为名①。

仁宗之世（公元一〇二三至一〇六三年），夏始自大，屡年构兵，国用枯竭，土木之事仍不稍衰，但多务重修。明道元年（公元一〇三二年），修文德殿成，宫中又大火，延烧八殿，皆大内主要，如紫宸、垂拱、福宁、集英、延和等殿。"乃命宰相吕夷简为修葺大内使，发四路工匠给役，又出内库乘舆物及缗钱二十万助其费"②。先此两年（天圣八年），玉清照应宫因雷雨灾，时帝幼，太后垂帘泣告辅臣，众恐有再葺意，力言"先朝以此竭天下之力，遽为灰烬，非出人意；如因其所存，又复修葺，则民不堪命。……"③ 于是宫不复修，仅葺两殿。二十五年后（至和中），始又增缮两殿，改名万寿观，仁宗末季，多修葺增建，现存之开封琉璃塔，即其中之一。名臣迭上疏乞罢修寺观。欧阳修上疏《上仁宗论京师土木劳费》中云："开先殿初因两条柱损，今所用材质物料共一万七千五有零。又有睦亲宅、神御殿……醴泉观……等处物料

① 李濂《汴京遗迹志》。

② 《宋史·地理志》。

③ 李濂《汴京遗迹志》。

不可悉数，醴泉观……等处物料不可悉数，……军营库务合行修造者百余处。……使厚地不生它物，唯产木材，亦不能供此广费。"又云："……累年火灾，自玉清照应，洞真、上清、鸿庆、祥源、会灵七宫，开宝、兴国两寺塔殿，并皆焚烧荡尽，足见天厌土木之华侈，为陛下惜国力民财……"终仁宗朝，四十年间，焚毁旧建，与重修劳费，适成国家双重之痛也。

英宗在位仅四年（公元一〇六四至一〇六七年），土木之事已于司马光《乞停寝京城不急修造》之疏中见其端倪①。盖是时宫室之修造，非为帝王一己之意，臣下有司固不时以土木之宏丽取悦上心。人君之侧，实多如温公所言，"外以希旨求知，内以营私规利"之人也。

神宗（公元一〇六七至一〇八五年）行新政，富改革精神以强国富民为目的，故"宫室弗营，池苟完，而府寺是崇"②。所作盖多衙署之建置：如东西两府③御史台④、太学⑤等皆是也。元丰中，缮茸城垣，浚治壕堑，亦皆市政之事⑥。又因各帝御容散寓宫中，及宫外诸寺观，未合礼制，故创各帝原庙之制。建六殿于景宁宫内，以奉祖宗像，又别为三殿以奉母后⑦。熙宁中，从司天监之奏，请建中太一宫，但仅就五岳观旧址为之⑧。遵故事"太一"行五宫，四十五年一易，"行度所至，国民受其

---

① 李濂《汴京遗迹志》。

②④《汴京遗迹志》载曾肇重修御史台记。

③《汴京遗迹志》载陈绎新修东府西府记。

⑤《宋朝燕翼诒谋录》。

⑥⑦ 李心传《朝野杂记》，《汴京遗迹志》引。

⑧《宋会要辑稿》。

福"①，实不得不从民意。太宗建东太一宫四十五年，至仁宗天圣建西太一宫，至是又四十五年也②。

哲宗（公元一〇八六至一一〇〇年）制作多承神宗之训，完成御史台其一也。又于禁中神宗睿思殿后建宣和殿。末年则建景宁西宫于驰道西③，亦如神宗所创原庙制度，及崩，徽宗即位续成之。宫期年完工，以神宗原庙为首，哲宗次之。哲宗即位之初，宣仁太后垂帘，时上清太平宫已久毁于火，后重建，称上清储祥宫，以内庭物及金六千两成之④。苏轼承旨撰碑。碑云："……雄丽靓深，凡七百余间……"宫之规模虽不如太宗时，当尚可观。

追徽宗立（公元一一〇一至一一二五年），以天纵艺资，入绍大统，其好奢丽之习，出自天性。且奸邪盈朝，掊剥横赋，倡丰亨豫大之说⑤，故尤侈为营建。崇宁大观以还，大内朝寝均丽若琼瑶，宫苑殿阁又增于昔矣。其著者如"政和三年辟延福新宫于大内之北拱宸门外；悉移其地供应诸库，及两僧寺，两军营，而作焉"⑥。宫共五位，分任五人，各为制度，不务沿袭。其殿阁亭台园苑之制，已为艮岳前驱，"叠石为山，凿池为海，作石梁以升山亭，筑土冈以植杏林，又为茅亭鹤庄之属"⑦，以仿天然。此后作撷芳园，"称延福第六位，跨城之外，西自天波门，东过景龙门，至封邱门"，实沿金水河横贯旧城北面之全部。"名景龙江，绝岸至龙德宫，皆奇花珍木，殿宇比比对峙"。

---

① 李心传《朝野杂记》，《汴京遗迹志》引。

② 《宋会要辑稿》。

③ 《玉海》卷一〇〇。

④ 《汴京遗迹志》引苏轼《上清储祥宫碑》。

⑤ 《通鉴辑览》。

⑥⑦ 《宋史·地理志》。

又作上清宝箓宫，"密连禁署，内列亭台馆舍，不可胜计。……开景龙门，城上作复道通宫内，……徽宗数从复道往来"。其他如作神霄玉清万寿宫于禁中，又铸九鼎，置九成宫于五岳观后。政和以后，年年营建，皆工程浩大，缀饰繁缛之作。及造艮岳万寿山，驱役万夫，大兴土木；五六年间，穷索珍奇，纲运花石；尽天下之巧工绝技，以营假山、池沼①，至于山周十余里，峰高九十步；怪石崭崖，洞峡溪涧，巧牟造化；而亭台馆阁，日增月益，不可殚记②；其部署缔构颇越乎常轨，非建筑壮健之姿态，实失艺术真旨。时金已亡辽，宋人纳岁币于金，引狼入室，宫庭犹营建不已，后世目艮岳为亡国之孽，固非无因也。

从徽宗的这幅《瑞鹤图》中可以清楚地看到宋朝的宫廷建筑样式

宋初宫苑已非秦汉游猎时代林囿之规模，即与盛唐离宫园馆相较亦大不相同。北宋百余年间，御苑作风渐趋绮丽纤巧。尤以徽宗宣政以后所辟诸苑为甚。玉津园，太祖之世习射观稼而已，乾德初，置琼

---

① 《汴京遗迹志》僧祖秀《华阳宫记》。
② 《汴京遗迹志》徽宗御制《艮岳记略》。

林苑，太宗凿金明池于苑北①，于是各朝每岁驾幸观楼船水嬉，赐群臣宴射于此。后苑池名象瀛山，殿阁临水，云屋连楣，诸帝常观御书，流杯泛觞游宴于玉宸等殿②。"太宗雍熙三年，后常以暮春召近臣赏花钓鱼于苑中"③。"命群臣赋诗赏花曲宴自此始"④。

金明池布置情状，政和以后所纪，当经徽宗增置展拓而成。"池在顺天门街北，周围约九里三十步，池东西径七里许。入池门内南岸西去百余步，有西北临水殿。……又西去数百步乃仙桥，南北约数百步；桥面三虹，朱漆栏楯，下排雁柱，中央隆起，谓之骆驼虹，若飞虹之状。桥尽处五殿正在池之中心，四岸石向背大殿，中坐各高御幄。……殿上下回廊。……桥之南立棂星门，门里对立彩楼。……门相对街南砖石砌高台，上有楼，观骑射百戏于此……"⑤。规制之绮丽窈窕与宋画中楼阁廊庑最为迫肖。

徽宗之延福撷芳及艮岳万寿山布置又大异，蔡攸辈穷搜太湖灵壁等地花石以实之，"宣和五年，朱勔于太湖取石，高广数丈，载以大舟，挽以千夫，凿河断桥，毁堰坼闸，数月乃至。……"⑥盖所着重者及峰峦崖壑之缔构；珍禽奇石，环花异木之积累；以人工造天然山水之奇巧，然后以楼阁点缀其间⑦⑧。作风又不同于琼林苑金明池等矣。叠山之风，至南宋乃盛行于江南私园，迄元明清不稍衰。

① 《玉海》卷一七二。

② 《玉海》卷一七一。

③ 《宋朝事实》卷二十。

④ 《通鉴辑览》。

⑤ 孟元老《东京梦华录》。

⑥ 李濂《汴京遗迹志》。

⑦ 《汴京遗迹志》僧祖秀《华阳宫记》。

⑧ 《汴京遗迹志》徽宗御制《艮岳记略》。

开封铁塔

　　真仁以后，殖货致富者愈众，巨量交易出入京师，官方管理之设备及民间商业之建筑，皆因之侈大。公卿商贾拥有资产者之园圃第宅，皆争尚靡丽，京师每岁所需木材之夥，使宫民由各路市木不已，且有以此居积取利者①，营造之盛实普遍民间。

　　市街店楼之各种建筑，因汴京之富，乃登峰造极。商业区如"潘楼街……南通一巷，谓之界身，并是金银彩帛交易之所；屋宇雄壮，门面广阔，望之森然"②。娱乐场如所谓"瓦子"，"其中大小勾栏五十余座，……中瓦莲花棚、牡丹棚；里瓦夜叉棚、象棚；最大者可容数千人"③。酒店则"凡京师酒店门首皆缚彩楼欢门。……入门一直主廊，约百余步，南北天井，两廊皆小阁子，向晚灯烛荧煌，上下相映。……白矾楼后改丰乐楼，宣和间更修三层相高，五楼相向，

―――――――

　　① 《宋会要辑稿·食货》。

　　②③　孟元老《东京梦华录》。

各有飞桥栏槛，明暗相通"①。其他店面如"马行街南北十几里，夹道药肆，盖多国医，咸巨富。……上元夜烧灯，尤壮观。"②

住宅则仁宗景祐中已是，"士民之族，罔遵矩度，争尚纷华。……室屋宏丽，交穷土木之工"③。"宗戚贵臣之家，第宅园圃，服饰器用，往往穷天下之珍怪……以豪华相尚，以俭陋相訾"④。

市政上特种设备，如"望火楼……于高处砖砌，……楼上有人卓望，下有官屋数间，屯驻军兵百余人，及储藏救火用具。每坊巷三百步设有军巡捕屋一所，容捕兵五人"。新城战棚皆"旦暮修整"。"城里牙道各植榆柳，每二百步置一防城库，贮守御之器，有广固兵士二十指挥，每日修造泥饰"⑤。

工艺所在，则有绫锦院、筑院、裁造院，官窑等等之产生。工商影响所及，虽远至蜀中锦官城，如神宗元丰六年，亦"作锦院于府治之东。……创楼于前，以为积藏待发之所。……织室吏舍出纳之府，为屋百一十七间，而后足居"⑥。

有宋一代，宫廷多崇奉道教，故宫观景盛，对佛寺唯禀续唐风，仍其既成势力，不时修建。汴京梵刹多唐之旧，及宋增修改名者。太祖开宝三年，改唐封禅寺为开宝寺"重起缭廊朵殿凡二百八十区。太宗端拱中建塔，极其伟丽"⑦。塔八角十三层，乃木工喻浩所作，后真宗赐名灵感，至仁宗庆历四年塔毁⑧，

①⑤　孟元老《东京梦华录》。

②　蔡绦《铁围山丛谈》卷四。

③　《宋朝事实》卷十三。

④　《温国文正公集·论财利疏》。

⑥　费著《蜀锦谱》。

⑦⑧　李濂《汴京遗迹志》。

67

乃于其东上方院建铁色琉璃砖塔，亦为八角十三层俗称铁塔，至今犹存，为开封古迹之一①。又加开宝二年诏重建唐龙兴寺，太宗赐额太平兴国寺。天清寺则周世宗创建于陈州门里繁台之上，塔曰兴慈塔，俗名繁塔，太宗重建。明初重建，削塔之顶，仅留三级②，今日俗称婆塔者是。宝相寺亦五代创建，内有弥勒大像，五百罗汉塑像，元末始为兵毁③。

规模最宏者为相国寺，寺建于北齐天保中，唐睿宗景云二年（公元七一一年）改为相国寺；玄宗天宝四年（公元七四五年）建资圣阁；宋至道二年（公元九九六年）敕建三门，制楼其上，赐额大相国寺。曹翰曾夺庐山东林寺五百罗汉北归，诏置寺中④。当时寺"乃瓦市也，僧房散处，而中庭两庑可容万余人，凡商旅交易皆萃其中。四方趋京师以货物求售转售它物者，必由于此"⑤。实为东京最大之商场。寺内"有两琉璃塔，……东西塔院。大殿两廊皆国相名公笔迹，左壁画炽盛光佛降九曜鬼百戏；右壁佛降鬼子母，建立殿庭，供献乐部马队之类。大殿朵廊皆壁隐楼殿人物，莫非精妙"⑥。

京外名刹当首推正定府龙兴寺。寺隋开皇创建，初为龙藏寺，宋开宝四年，于原有讲殿之后建大悲阁，内铸铜观音像，高与阁等。宋太祖曾幸之，像至今屹立，阁已残破不堪修葺，其周围廊庑塑壁，

————————

　　①②　杨廷宝《汴郑古建筑游览纪录》，见《中国营造学社汇刊》第六卷第 3 期。

　　③　李濂《汴京遗迹志》。

　　④　叶梦得《石林诗话》。

　　⑤　《宋朝燕翼诒谋录》。

　　⑥　孟元老《东京梦华录》。

虽仅余鳞爪，尚有可观者。寺中宋构如摩尼殿、慈氏阁、转轮藏等，亦幸存至今①。

北宋道观，始于太祖，改周之太清观为建隆观，亦诏以扬州行宫为建隆观。太宗建上清太平宫，规模始大。真宗尤溺于符谶之说，营建最多，尤侈丽无比。大中祥符元年，即建隆观增建为玉清照应宫，凡役工日三四万②。"初议营宫料工须十五年，修宫使丁谓令以夜续昼，每画一壁给二烛，故七年而成。……制度宏丽，屋宇稍不中程式，虽金碧已具，刘承必令毁而更造"③。又诏天下遍置天庆观，迄于徽宗，惑于道士林灵素等，作上清宝箓宫。亦诏"天下洞天福地，修建宫观，塑造圣像④。宣和元年，竟诏天下更寺院为宫观，次年始复寺院额⑤。

洛阳宋为西京，山陵在焉。"开宝初，遣王仁等修洛阳宫室，太祖至洛，睹其壮丽，王等并进秩。……太祖生于洛阳，乐其土风，常有迁都之意"⑥，臣下谏而未果。宫城周九里有奇，城南三门，中曰五凤楼，伟丽之建筑也。东西北各有一门。曰苍龙，曰金虎，曰拱宸。正殿曰太极殿，前有左右龙尾道及日楼月楼⑦。"宫室合九千九百九十余区"⑧，规模可称宏壮。皇城周十八里有奇，各门与宫城东西诸门相直，内则诸司处之⑨。京城周五十二里余，尤大于汴京。神宗曾诏修西京大内⑩。徽宗政和元年至六年间之重修，预为谒陵西幸之备，规模尤大。"以真漆为饰，工役甚大。

---

①　梁思成《正定调查纪略》，发表于《中国营造学社汇刊》第四卷第2期。

②　《宋朝事实》卷七。

③　《宋史纪事本末》。

④⑤　《通鉴辑览》。

⑥⑦⑧　《玉海》卷一五八。

⑨⑩　《宋史·地理志》。

洛阳城门

为费不资。至于洛阳园林之盛，几与汴京相伯仲。重臣致仕，往往径第西洛。自富郑公至吕文穆等十九园[1]。其馆榭池台配造之巧，亦可见当时洛阳经营之劳，与财力之盛也。

　　徽宗崇宁二年（公元一一〇三年），李诫作《营造法式》，其中所定建筑规制，较与宋辽早期手法，已迥然不同。盖宋初禀承唐末五代作风，结构犹硕健质朴。太宗太平兴国（公元九七六年）以后，至徽宗即位之初（公元一一〇一年），百余年间，营建旺盛，木造规制已迅速变更；崇宁所定，多去前之硕大，易以纤靡，其趋势乃刻意修饰而不重魁伟矣。徽宗末季，政和迄宣和间，锐意制作，所本风格，尤尚绮丽，正为实施营造法式之时期，现存山西榆

70　　　① 李格非《洛阳名园记》。

次大中祥符元年（公元一〇〇八年）之永寿寺雨华宫，与太原天圣间（公元一〇二三至一〇三一年）之晋祠等，结构秀整犹带雄劲，骨干虽已无唐制之硕建庞大，细部犹未有崇宁法式之繁琐纤弱，可称其为北宋中坚之典型风格也。

第三节　辽之都市及宫殿

契丹之初为东北部落，游牧射生，以给日用，故"草居野处靡有定所"①。至辽太祖耶律阿保机并东西奚，统一本族八部，国势始张。其汉化创业之始，用幽州人韩延徽等，"营都邑，建宫殿，法度井井"②，中原所为者悉备。迨援立石晋，太宗耶律德光得晋所献燕云十六州，改元会同（公元九三八年），建号称辽，诏以皇都临潢府（热河省林西县）为上京，升幽州为南京，定辽阳为东京。辽势力从此侵入云朔幽蓟（今山西、河北北部），危患北宋，百数十年。圣宗统和二十五年（公元一〇〇七年），即宋真宗大中祥符之初，以大定府为中京（热河省朝阳平泉及赤峰等县地），又三十余年至兴宗重熙十三年（公元一〇四四年）更以大同府为西京，于是五京备焉。

辽东为汉旧郡，渤海人居之，奚与渤海皆深受唐风之熏染。契丹部落之崛起与五代为同时，耶律氏实宗唐末边疆之文化，同化于汉族，进而承袭中原北首州县文物制度之雄者也。契丹本富

---

① 《辽史·营卫志》。

② 《辽史·韩延徽传》。

于盐铁之利，其初有"回国使"①往来贩易，鬻其牛羊、毳、楉、驼马、皮革、金珠、药材等以市他国货物，其后辽更与北宋、西夏、高丽、女真诸国沿边所在，共置榷场市易，商业甚形发达，都市因此繁盛②。其都市街隅，"有楼对峙，下连市肆"。其中"邑屋市肆有绫锦之作，宦者，伎术，教坊，角抵，儒僧尼道皆中国人，并汾幽蓟为多"③。辽世重佛教，营僧寺，刊经藏，不遗余力，尝"择良工于燕蓟"。凡宫殿佛寺主要建筑，实均与北宋相同。盖两者均上承唐制，继五代之余，下启金元之中国传统木构也。

太祖于神册三年（公元九一八年）治城临潢，名曰皇都；二十一年后，至太宗，改称上京④。太祖建元神册之前，所居之地曾称西楼。"阿保机以其所为上京，起楼其间，号西楼，又于其东……起东楼，北……起北楼，南木叶山起南楼，往来射猎四楼之间"⑤。盖阿保机自立之始，创建明五楼。初未筑成，其都亦未有名称。如"发所获僧……五十人归西楼，建天雄寺以居之"。"其党神速姑复劫西楼，焚明王楼"，"壬戌上发自西楼"⑥等。"契丹好鬼贵日，朔旦东向而拜日，其大会聚视国事，皆以东向为尊，四楼门屋皆东向"⑦。岂西楼时期，契丹营建乃保有汉、魏、盛唐建楼之古风，而又保留其部族东向为尊之特征欤？

---

① 《通鉴·后晋记》。

② 王家琦《辽赋税考》，见《东北集刊》第 1 期。

③④ 《历代帝王宅京记》引胡峤记。

⑤ 《五代史·四夷附录》。

⑥ 《辽史·太祖本纪》。

⑦ 《五代史·四夷附录》。

辽建"殿"之事，始于太祖八年冬，建开皇殿于明王楼基，早于城皇都约四年，其方向如何，今无考。"天显元年，平渤海归，乃展郭郭，建宫室，名之以天赞。起三大殿曰：开皇，安德，五銮。中有历代帝王御容……"①制度似略改。迨晋遣使上尊号，太宗"诏番部，并依汉制御开皇殿，辟承天门受礼，改皇都为上京"②。以后开皇五銮及宣政殿皆数见于太宗纪。

上京"城高二丈，……幅员二十七里。……其北谓之皇城，……中有大内。……大内南门曰承天；有楼阁，……东华西华。……通内出入之所"③。城正南街两侧为各司衙寺观国子监，孔子庙及二仓。天雄寺与八作司相对，均在大内南。"南城谓之汉城；南当横街，各有楼对峙，下列井肆"④。市容整备，其形制已无所异于汉族。然至圣宗开泰五年，距此时已八十年，宋人记云"承天门内有昭德宣政二殿，与毡庐皆东向"⑤。然则辽上京制度，殆始终留有其部族特殊尊东向之风俗。

辽阳之大部建设为辽以前渤海大氏所遗，而大氏又本唐之旧郡，"拟建宫阙"。辽初以为东丹王国，茸其城，后升为南京，又改东京。"幅员三十里，共八门，……宫城在城东北隅……南为三门，壮以楼观。四隅有角楼，相去各二里。宫壤北有让国皇帝御容殿，大内建二殿。……外城谓之汉城，分南北市，中为看楼，……街西有金德寺，大悲寺。驸马寺铁幡竿在焉"⑥。

辽南京古冀州地，唐属幽州范阳郡；唐末刘仁恭尝据以僭帝号。石晋时地入于辽。太宗立为南京，又曰燕京，是为北京奠都

①⑤《历代帝王宅京记》引胡峤记。
②③④⑥《辽史·地理志》。

之始。城有八门，其四至广阔，虽屡经史家考证，仍久惑后人。地理志称"方三十六里"，其他称二十五里及二十七里者。或言三十六里"乃并不内计度"者，其说不一。但燕城令人注意者，乃其基址与今日北京城阙之关系。其址盖在今北京宣武门迤西，越右安广宁门郊外之地①。金之中都承其旧城而展拓之，非元明清建都之北京城也。今其址之北面有旧土城及会城门村等可考。其东南隅有古之悯忠寺（今之法源寺）可考②，而今郊外之"鹅房营，有土城角，作曲尺式，幸存未铲；有豁口俗呼凤凰嘴，当因辽城丹凤门得名"③，乃燕城之西南隅也。今日北京南城著名之海王村琉璃厂等皆在燕城东壁之外。

辽太宗升幽州为南京，初无迁都之举，故不经意于营建，即以幽州子城为大内，位于大城之西南隅；宫殿门楼一仍其旧，幽州经安史之徒暨刘仁恭父子割据僭号，已有所设施，如拱宸门元和殿等，太宗入时均已有之④。太宗但于西城巅诏建一"凉殿"，特书于本纪，岂仍循其"西楼"遗意者耶？

南京初虽仍幽州之旧，未事张皇改建，但至"景宗保宁五年，春正月，御五凤楼观灯"，及"圣宗开泰驻跸，宴于内果园"⑤之时，当已有若干增置，"六街灯火如昼，士庶嬉游，上亦微行观之"⑥，其时市坊繁盛之概，约略可见。及兴宗重熙五年（公元一〇三六年）始诏修南京宫阙府署，辽宫廷土木之功虽不侈，固亦慎重

①③　奉宽《燕京故城考》，见《燕京学报》第5期。

②　《辽史·太祖本纪》。

④　关承琳《西郊乡土纪》。

⑤⑥　《日下旧闻考》。

其事，佛寺浮图则多雄伟。迨金世宗二十八年（公元一一八八年）距此时已百五十余年，而金主尚谓其宰臣曰："宫殿制度苟务华饰，必不坚固。今仁政殿，辽时所建，全无华饰，但其他处岁岁修完，唯此殿如旧。以此见虚华无实者不能经久也"[1]。辽代建筑类北宋初期形制，以雄朴为主，结构完固，不尚华饰，证之文献实物，均可征信。今日山西大同应县所幸存之重熙清宁等辽建，实为海内遗物之尤足珍贵者也。

第四节　金之都市宫殿佛寺

金之先，古之肃慎也。唐初，其黑水一部曾附高丽，其后渤海强盛，契丹又取渤海地，乃附属于契丹。其在南者号熟女真，在北者不在契丹族，号生女真。金太祖之先，已统一部落，修弓矢，备器械，日臻强盛，不受辽籍[2]。至太祖败辽兵，招渤海，乃建号称大金。收国元年（公元一一一五年），更节节进攻。数年之间，尽得辽旧地，进逼宋境。

金建会宁府为上京，"初无城郭，星散而居，呼曰皇帝寨，国相寨，太子寨"[3]，当尚为部落帐幕时期。及"升皇帝寨为会宁府，城邑宫室，无异于中原州县廨宇。制度极草创，居民往来，车马杂，……略无禁制。……春击土牛，父老士庶皆聚观于殿侧"[4]。至熙宗皇统六年（公元一一四六年），始设五路工匠，撤而新之，

---

① 《金史·世宗本纪》。

② 《金史·太祖本纪》。

③④ 《历代帝王宅京记》。

规模虽仿汴京，然仅得十之二三而已。宣和六年（公元一一二四年），宋使贺金太宗登位时，所见之上京，则"去北庭十里，一望平原旷野间，有居民千余家，近阙北有阜园，绕三数顷，高丈余，云皇城也。山棚之左曰桃园洞，右曰紫微洞，中作大牌曰翠微宫，高五七丈，建殿七栋甚壮，榜额曰乾元殿，阶高四尺，土坛方阔数丈，名龙墀"①，类一道观所改，亦非中原州县制度。其初即此乾元殿亦不常用。"女真之初无城郭，国主屋舍车马……与其下无异，……所独享者唯一殿名曰乾元。所居四处栽柳以作禁宫而已。殿宇绕壁尽置火炕，平居无事则锁之，或时开钥，则与臣下坐于炕，后妃躬侍饮食"②。

金初部落色彩浓厚，汉化成分甚微，破辽之时劫夺俘虏；徙辽豪族子女部曲人民，又括其金帛牧马，分赐将帅诸军。燕京经此洗劫，仅余空城。既破坏辽之建设，更进而滋扰宋土，初索岁币银绢，以燕京及涿易檀顺景蓟六州归宋。既盟复悔。乃破太原真定，兵临汴京城下，掳徽钦二帝北去。所经城邑荡毁，老幼流离鲜能恢复。至征江淮诸州，焚毁屠城，所为愈酷。终金太宗之世，上京会宁草创，宫室简陋，未曾着意土木之事，首都若此，他可想见。

金以武力与中原文物接触，十余年后亦步辽之后尘，得汉人辅翼，反受影响，乃逐渐摹仿中原。至熙宗继位，稍崇仪制，亲祭孔子庙，诏封衍圣公等。即位之初（公元一一三五年）建天开殿于爻剌，此后时幸，若行宫焉。上京则于天眷元年（公元一一

---

① 许亢宗《行程录》。

② 《大金国志》。

三八年）四月，"命少府监……营建宫室"^①，虽云："止从俭素"，"十二月宫成"，为时过促，恐非工程全部。此后有"明德宫享太宗御容于此，太后所居"；"五云楼及重明等殿成"；又有太庙、社稷等建置。皇统六年，以"会宁府太狭，才如郡制，……设五路工匠，撤而新之"^②。天眷皇统间，北方干戈稍息，州郡亦略有增修之迹，遗物中多有天眷年号者。

自海陵王弑熙宗自立，迄其入汴南征，以暴戾遇刺，为时仅十二年，金之最大建筑活动即在此天德至正隆之时（公元一一四九至一一六一年）。

海陵既跋扈狂躁，对于营建唯求侈丽，不殚工费，或"赐工匠及役夫帛"^③，或"杖提举营造官"，所为皆任性。天德三年，"诏广燕城，建宫室，按图兴修，规模宏大"。贞元元年，迁入燕京，"称中都，以迁都诏中外"。以宋之汴京为南京，大定为北京，辽阳为东京，大同为西京。乃迎太后居中都寿康宫；增妃嫔以实后宫，临常武殿击鞠，登宝昌门观角抵，御宣华门观迎佛；赐诸寺缯绢。园苑则有瑶池殿之成，御宴已有泰和殿之称，生活与其营建皆息息相关。又以大房山云峰寺为山陵，建行宫其麓。正隆元年，奉迁金始祖以下梓宫葬山陵，翌年，"命会宁府毁旧宫殿，诸大族第宅，及储庆寺，仍夷其址，而耕种之"^④。削上京号，"称为国中者，以违制论"。既而慕汴京风土，急于巡幸，于正隆四年（公元一一五九年）复诏营建宫室于南京。

---

① 《金史·熙宗本纪》。

② 《大金国志》。

③ 范成大《揽辔录》。

④ 《金史·地理志》。

汴京烽燧之余，蹂躏烬毁，至是侈其营缮，仍宋之旧，勉力恢复。"宫殿运一木之费至二千万，牵一车之力至五百人；宫殿之饰，遍傅黄金，而后间以五采。……一殿之费以亿万计；成而复毁，务极华丽"①。但海陵虽崇饰宫阙，民间固荒残自若。"新城内大抵皆墟，至有犁为田处。四望时见楼阁峥嵘，皆旧宫观寺宇，无不颓毁"。各刹若大相寺亦"倾檐缺吻，无复旧观"②。汴都此时已失其政治经济地位，绝无繁荣之可能。

中都宫殿营建既毕，又增高燕城，辟其四面十二门，广辽旧城之东壁约三里，世宗以后均都于此，与宋剖分疆宇，升平殷富将五十余载，始遭北人兵燹，其间各朝尚增置，朝市寺观日臻繁盛。

初海陵丞相张浩等，"取真定材木营建宫室及凉位十六"③，制度实多取法汴京。皇城周回"九里三十步"，则几倍之汴之皇城，而与洛阳相埒。自内城南门天津桥北之宣阳门至应天楼，东西千步廊各二百余间④，中间驰道宏阔，两旁植柳。有东西横街三道，通左右民居及太庙三省六部⑤。宣阳门以金钉绘龙凤，"上有重楼，制度宏大，三门并立，中门常不开，惟车驾出入"⑥；应天门初名通天门，"高八丈，朱门五，饰以金钉"⑦，宫阙门户皆用青琉璃瓦⑧，两旁相去里许为左右掖门。内城四角皆有垛楼。宣华、玉华、拱宸各门均"金碧楯飞，规制宏丽"。

"内殿凡九重，殿三十有六，楼阁倍之"⑨。其正朝曰大安殿，

① 《金史·海陵王纪》。

②④⑦ 范成大《揽辔录》。

③ 《金史·地理志》。

⑤ 楼钥《北行日录》。

⑥⑧⑨ 《大金国志》。

东西亦皆有廊庑。东北为母后寿康宫及太子东宫（初称隆庆）①。大安殿后宣明门内为仁政殿，乃常朝之所。殿则为辽故物，其朵殿为两高楼，称东西上阁门。"西出玉华门则为同乐园，若瑶池、蓬瀛、柳庄、杏村在焉"②，宫中十六位妃嫔所居略在正殿之西；宴殿如泰和神龙等均近鱼藻池，后苑亦偏宫西，一若汴京。辽时本有楼阁球场在右掖门南③，经金营建，乃有常武殿等为击球习射之所④。太庙标名衍庆之宫，在千步廊东。金庭规制堂皇，仪卫华整，宋使范成大，虽云"前后殿屋崛起甚多，制度不经"，但亦称其"工巧无遗力"⑤。

中都外城布置，尤为特异。金初灭辽，粘罕有志都燕，为百年计，"因辽人宫阙于内城外筑四城，每城各三里，前后各一门，楼橹池堑，一如边城。……穿复道与内城通⑥……海陵定都，欲撤其城而止，故终金之世未毁⑦。世宗之立，由于劝进，颇以省约为务，在位二十九年，始终以大定为年号，世称大定之治。即位之初，中都已宏丽，不欲扰民，故少所增建。大定元年（公元一一六一年）入中都，"诏凡宫殿张设，毋得增置"。大定三年又敕有司"宫中张设，毋得涂金"，有诏修辽东边堡，颇重守御政策，即位数年，与宋讲好，国内承平，土木之功渐举，重修灾后泰和神龙宴殿。大定六年幸大同华严寺，观故辽诸帝铜像，诏主僧谨视，有护古物之意。大定七年，建社稷坛。大定十四年，增建衍庆宫，图画功臣于左右庑，如宋制。

---

① ④ 《日下旧闻考》。

② 《大金国志》。

③ 《辽史·地理志》。

⑤ 范成大《揽辔录》。

⑥ 《金国南迁录》。

⑦ 奉宽《燕京故城考》，见《燕京学报》第 5 期。

大定十九年，建京城北离宫，宫始称大宁（后改寿宁、寿安），即明昌后之万宁宫，章宗李妃"妆台"所在。瑶光台、琼华岛始终为明清宫苑胜地，今日北京北海团城及琼华塔所在也。大定二十一年，复修会宁宫殿，以甓束其城。大定二十六年，曾自言"朕尝自思岂能无过，所患过而不改。……省朕之过，颇喜兴土木之工，自今不复作矣"。大定二十八年盛誉辽之仁政殿之不尚虚华，而能经久，叹曰："……今土木之工，灭裂尤甚，下则吏与工匠相结为奸，侵克工物；上则户工部官支钱、度材，惟务苟办；至有工役才毕，随即敲漏者；……劳民费财，莫甚于此。自今体究，重抵以罪。"①海陵专事虚华，急于营建，且辽宋劫后，匠师星散，金时构造之工已逊前代巨构甚远，世宗固已知之。

大定之后，唯章宗之世（公元一一九〇至一二〇八年），略有营造，大者如卢沟石桥，增修曲阜孔庙，重修大同善化寺佛像，及重修登封中岳庙等普遍修缮之活动。赵州小石桥至今仍存，亦为明昌原物②。至于中都宫苑之间，章宗建置多为游幸娱乐之所，常幸南园玉泉山、香山。北苑万宁宫尤多增设。瑶光殿之作，后世称章宗李妃妆台。琼华阁及绛绡翠霄两殿，亦为大定后所增。"宸妃郑氏又尝见白石，爱而辇归，筑崖洞于芳华阁，用工二万，牛马七百"③，贻内侍余琬以艮岳亡国之讽。章宗末季，南与宋战，北御元军，十年之间，边事愈频，承安之后，已非营建时代。卫绍王继位，政乱兵败，中都被围，"城中乏薪，拆绛绡殿，翠霄

---

① 《金史·世宗本纪》。

② 梁思成《赵县安济桥》，见《中国营造学社汇刊》第五卷第 1 期。

③ 《大金国志》。

殿，琼华阁材分给四城"①。距燕京城破之时（公元一二一五年）已不及三年，卫绍王废，宣宗立，中都危殆，金室乃仓皇南迁。都汴之后，修城葺库，一切从简，无所谓建设。及元代之朝，日臻隆盛。金之北方疆土尽失，复南下入宋，以图自存。迄于金亡，二十年间，中原中部重遭争夺，城邑多成灰烬之余，宋辽金三朝文物得以幸存至今者难矣。幸辽金素重佛法，寺院多有田产自给②，易朝之际，虽遭兵燹，寺之大者，尚有局部恢复，而得后代之资助增建者。今日辽宁、河北、山西佛寺殿堂及浮图，每有辽金雄大原构渗与其中，已是我国建筑遗产重要之一部。

山西大同的云冈寺院

---

① 《大金国志》。

② 《辽文汇·妙行大师行状碑》及《金史·食货志》。

现代住宅设计的参考①

1. 美国印第安那州福特魏茵城五十所低租住宅

2. 英国伯明翰市之住宅调查

3. 美国伊里诺州数组"朝阳住宅"的设计及实验

4. 美国 TVA 之"分部组合住宅"（Sectional House）

　　住宅设计在半世纪前，除却少数例外，都是有产阶级者私人的经营，不论是为自用或为营业。自用的，除却解决实际生活需要之外，还为着娱乐自己，或给儿孙体面的目的，所以建屋常是少数人的奢侈。营业的则既为着利润的目标而建造，经营者常以若干面积造若干所，每所包含若干固定形式的房间来估计。他们决不枉费心思为租户的生活和城市的卫生、人口或交通设想的。在贫富情形不同的区域里都有相当于那区域生活程度的普通住宅出赁。这些房屋只保守着拥挤的行列，呆板的定型及随俗的装饰标准。他们极少在美术上努力，也极少随着现代生活的进展去取得科学的便利，更没有事先按着租户的经济能力为他们设计最妥善的住宅单位。

---

　　① 本文原载《中国营造学社汇刊》第七卷 2 期，1945 年 10 月，署名：林徽因。——曹汛注

现在的时代不同了，多数国家都对于人民个别或集体的住的问题极端重视，认为它是国家或社会的责任。以最新的理想与技术合作，使住宅设计，不但是美术，且成为特种的社会科学。它是全国经济的一个方面，公共卫生的一个因素，行政上一个理想也是文化上一个表现。故建造能给予每个人民所应得的健康便利的住处，并非容易达到的目的。它牵涉着整一个时代政治理想和经济发展的途径以及国际间之了解与和平。但如同其他我们所企望的目的一样，各国社会上总不免有许多人向着那个目标努力。尤其是在两次世界大战后，各国都企望着和平，都认为眼前必须是个建设的时代，这时代必须是个平民世纪，为大多数人造幸福的时期的开始。

向着这个理想，解决人民健康住宅的目标前进，先需要两种努力：一是调查现存人民生活习惯及经济能力。每城每市按着他们的工商农各业的倾向，估计着他们人口职业的特点及能量，对已有的交通，已有的公共建筑，已有的卫生工程设备及已有的住宅，作测量调查及统计；然后检讨各方面的缺憾与完满的因素，作为实际筹划的根据。二是培养专家，鼓励科学工程及艺术部署的精神，以技术供应最可能的经济美丽且实用的建造，也使国家人民各方设计的途径相互呼应，综合功效，造成完美的城市。

这种努力，在英美两国也不过有极短期的历史。第一次大战的前后建设倾向还是赓续十九世纪末叶工业机器畸形发展的能力，没有经过冷静的时间，一切建设发展过分蓬勃常是顾此失彼，不但互相妨碍，且常彼此冲突。不正常的经济压迫及无秩序的利益争夺使得合理清醒的统筹无从产生，直到城市住处——本来该是为健康幸福而设备的——反成了疾病罪恶的来源——如工业区的拥挤，贫民窟的形成等等——最近才唤醒了英美各国普遍的注意。

因为英国是个根深蒂固的资本主义国家，不能剧烈地以社会主义的经济立场来应付这种问题，所以市政上的改善，除却一部分为交通工程的建设外，现在一部分直属于公共卫生部，以公共卫生的立场来改善住宅及区域。美国则因为是商业自由极端发达的国家，故改善市区房屋或开辟住宅新区，常以商业方法来经营。所谓房产公司的势力可以支配着许多区域的进步，也可以阻碍许多区域的改善。因此政府常要处于指导地位。故纠正错误及恶劣的街道与房屋，或由地方催促政府通过便利的法案，或由政府催促地方的协助，多数仍由经济团体来完成。

我国的情形与英美都不相同，但在建设初期，许多都要参考他国取得的经验与教训。美国虽为大富之国，但直到现时尚有一个庞大数目的人民没有适当住处，最新技术常以便利、最经济为目的。我们在这方面仍然可以采取他们的许多实验作为参考。但因天气、环境、生活、材料、人工物价的不同，许多模范我们也还要有适当的更动始能适用。英国近年对旧有拥挤穷苦的区域曾经不断做繁细详尽的调查。这种工作的目的在避免设计之过于理想无法切实实行，或虽实行而所害更甚于所便。我国一般人经济上皆极贫困，旧有住宅又多已不合现代卫生，如何改善，更是必须之务。我们如能效法英国在这方面的努力，必可避免许多不妥善的尝试，而采用许多简便而合理的办法。

无论如何，改善住宅的主要事项，如住宅内部的合理分配，外部的艺术形体，住区与工作地点的联络关系，住区每平方公里内的人口密度，如何取得绿荫隙地，如何设立公共设备及如何使租金与房屋造价及人民经济配合等等，则是各国同样的。虽然如何能合理地解决这些问题，各国各城会有特殊的便利或困难，但互相参考办法与技术，可以裨益各地个别设施，仍是无可疑问的。

本文这里所选择的参考资料都是经过各国实验过的佳例。匆促里不及作有秩序的安排，仅凭材料来到的先后及其本身兴趣与价值逐项介绍。至于我国对于这一些建设是否有采访的可能及我国环境与每项所述他国情形有何显著的异同，在可能范围内，笔者均作简单的评论及提示附在后面。

一　美国印第安那州福特魏茵城

五十所最小单位贫民住宅的实验

FORT WAYNE, INDIANA.

美国是个商业自由的国家，许多社会性的事业都用商业方式来解决，不直接将经济负担加在政府或任何慈善团体上。许多有关人民福利的建设，不单是由于伤感或慷慨，却是因市中经济与卫生的需要用最有效的实际方法来应付并长期维持。所以许多低廉租金平民住宅的试验都是由政府提倡，根据法律，由地方协助，用商业方式来建造及处理的。

一个试验　根据一九三八年美国联邦政府住宅管理处所发表的一个报告，清理贫民区及为最低收入的人民建筑住所，不是这管理处直接的职责，可是因为住宅管理处这机关是由于用抵押贷款营业办法来协助改善一般的住所情形，且倚借这种经营来维持它本身的经济独立，所以它不能不注意到美国各城区中最不堪的地带。这种地带影响到房产地价，且此带贫民每年医药、燃料、衣

85

食的救济靡费全市税收极巨的一部分，间接成为其他住户的税额的负担，所以住宅管理处开始调查恶劣的住所情形，协助任何合法团体利用管理处这抵押贷款算法来改善贫民住处。

福特魏茵城　　这个试验是在印第安那州中一个小城福特魏茵实行的，用减债基金抵押贷款方法完成了五十所，每所每周租金为2.50美元的住宅。他们相信虽然改善贫民住宅所遇到的问题是全国性的，其解决方式则需要各区特殊的应付。但福特魏茵的试验得到极好的效果，大可以作为一个市镇自身努力解决这种住宅的佳例。又因其他市政府或团体对此种设施有同样的兴趣，所以管理处特别将这次福特魏茵（以下简称魏城）试验建造贫民住宅的始末，以详细描述的方法印成册子公布。

人民情形　　魏城是个西方中部的工业城市，人口约为十二万五千人。城中一般住所情形比各处平均水准稍好，住宅之半数为住户自己的产业，与美国其他城市相同，只有少数——约百分之五——的人民住在公寓里，大部的住宅为单门独户的，全市贫民救济费每年达五十余万元，其中四十余万元为救济贫者的粮食、燃料及衣物，公共卫生费为十万元，补贴贫者房租约一万元，无家者之救济费约三万元。

住屋情形　　据调查，魏城一万六千所住处中有九百所没有自来水，二千七百所内没有私家室内的卫生厕所，四千六百所没有沐浴设备，所以公共救济费的重负有一部分是住宅情况所使然的结果，显然有它的根据。

改善目标及办法　　改善住所的水准是要直接减轻救济费的数目，但如果只拆去最恶劣的破屋，是不会有助于实际情形改善的。因为在低租金的一堆房子中本已出现住户过挤的情形，如果再减去现存之若干房屋，则拥挤的情形更将增加。所以这里的改善必须添造。直至恶劣住屋中有了空出的现象时，才能将这种不堪居住的房屋拆毁。

最需要改善也最可能因改善而减低地方救济负担的自然是那九百所没有自来水设备的住房，其次为那二千七百所没有卫生厕所的住房，再次为那四千六百所没有沐浴设备的房子，但不知有若干住所单位因为漏的屋顶及漏风的墙壁直接增加了地方燃料救济费。所以在节省救济经费的立场上改善住所则必须添造温暖而严密附带着自来水及卫生设备的房屋，且租金必须是那些不能享受这些便利的家庭所能担负的。

合实际的租额　据实际调查，这些家庭所费租金，最高为每月十二元，令人可注意的是这种租金并非按照房间单位计算，而是按照住户所能出的租金总数能交换来的房间而定，他们是不能按着他们所需要的面积或间数来租赁住处的。

针对这个问题的住宅建造的第一点，即是决定每单位住所的租金为两元半；不是按月而是按每周收付租金的办法，对于这些家庭更为合适。因为他们的收入本以每周计算的。

房子形式间数及设备　虽然现时魏城的小房子多是单层木板住宅，并不证明集体多层住屋之不合适，不过考虑到受助的居民素来所习惯的生活是很重要的。

初步设计的考虑指示出独户的小住宅包含三个房间及一浴室，以租价每周两元半为标准，最为重要。此种住屋需要现成的电线装设，且因为利用浴室设备需要教育，有热水的供应非常重要。要达到以上目标，自然要一种非常精巧经济的设计图样，且必须根据种种使这种建造可能实现的方面。

造价的预计　在租金方面如果每所造价定为九百元，用二十年抵押减债基金贷款方法付出 4% 的利息，0.5% 的保险，则每年收入付债息外，尚能保留维持费。由魏城市政府先设立一住宅委员会，按照印第安那州的法律住宅委员会算的房屋可以免税，因为这种经营目的在于帮贫困的人民，可以减低各种救济费的负担，所以允许此种房子免税，结果并非市政府的损失。

利用本地失业人工　在减省工价方面，委员会请求利用 W. P. A（失业工人救济会的工人），因为这种工人即为需要这种住屋最切的主顾，所以移用救济会的工人来建造贫民住宅是最合理的。事实上因为他们觉得是为自己的福利努力，会对工作加增很多踊跃。

地皮的取得　为这种计划中的住宅寻觅适当的地皮时，发现大量的空地散处城中。有许多空地即在非常恶劣住宅的附近，其他的常散处在工业区旁边。它们在相当时期内绝无用途，只在将来如果遇到添造工厂时有可能用到。这带空地的地主对这一时无用地皮每年还必须负担着地税。

这种一时无用的空地，如在有卫生水道工程的街道左边的，即被视为极适当的低租住宅暂时建造的地区。住宅委员会同他们的地主的接洽协定是委员会以一个象征数目美金一元暂时购取一个单位地皮来营造一所住宅，地主随时有重新购回原地之权。重新购回原地的办法是：（一）如果地主在新建屋后的第一年内要求购回地皮，则由地主付出迁移那一所新住屋再建在另一地区的全部工程费。（二）如果地主在建屋后的第二年或第三、第四年中要求购回原地，则按借出年期之长短比例，减低负担迁移费之若干。（三）直至五年以后，如果地主要求收回原地时，则仍只需美金一元购还，全部迁移住屋的工费由委员会完全担负。

这种取得地皮的办法，产生三个特点，要早预计到的：（一）因所建新屋分散城中各处适当空地，施工时略不便，必稍费工。（二）从租金收入里除却付出贷款的减债基金还本法所及利息保险外，因根据与地主借地之协定，必须保留若干款额，足够必要时作迁移重建住屋至其他地区的费用。（三）选择地点的目的有一部分必须是要使建屋之后能影响提高周围地产之价格，有利于借出空地的地主的。

这种地皮每单位包括象征之一元购价，地契价及接引自来水与下水管的费用，总数为四十美元。

综合事况　综合以上情况，展在委员会面前的事实是：（一）委员会可以由 W. P. A（失业工人会）得到不必付出工价的人工。（二）委员会可以用四十美元的代价取得每个单位的地皮。（三）因所决定每所每周二百五十元的租金，用廿年典押贷款方法取得资本，所以每所住宅的工料价需定为九百美元。（四）因住屋所供应的家庭情形，需要的是建造三个房间的住宅，附有热水浴室及电线的设备。（五）这种住屋因借用地皮的协定必须用易于迁移及重建的结构。（六）因为所用的失业人工不是专门技工，所以房屋的结构工程程序必须是预先设计极为简单，使一般普通工人均可胜任的。

结构方法　这些住宅所用结构方法是根据威斯康辛省麦迪生城联邦森林出产实验室所作的研究，以及普都理工大学住屋研究系所进展的试验。

这个结构方法主要是应用"板屏"的制式（by Prefabricaled Pancls）用固定木框两面钉上薄嵌板（Plywood）（上海称夹板）制成标准大小的"板屏"（Panels），再将各屏拼聚作为墙壁（见下页图），外墙与内部隔断墙所用板屏皆是 2 英寸 ×4 英寸的木条做框

代表断面图

立面

根据家常常有
之厨房厅设计

卧室　　厨 厅

卧室　　廊　　平面

石子
屋顶池馆
隔热石棉
嵌板
起线条
铁管及钢条
框架

屋顶屏板

嵌板
隔热石棉

墙壁屏板

屏板结构图

嵌板
框架
铁管及钢条
素壁屏板

嵌板
铁管及钢条
框架
铁管及钢条
带窗屏板

嵌板
铁管及钢条
框架
带门屏板

框架
铁管及钢条
挡水钢皮
钢丝网
水泥
石子填筑

墙角
钢条

魏城最低收入市民住宅

90

架，屋顶所用板屏则用2英寸×6英寸之木条做框架，木框的两面都钉上且胶住Phenol-resin Plywood薄嵌板。这种屏板结构的负重力量已数倍超过一层木屋所需要的负重墙面。

制造程序 为建造这些住宅，委员会先租赁一所小工厂，这个设备即为造价之一部分支出。一切结构部分均先在厂内制造，以减少工场上的工作。工厂内简单设备只是一个数人共作的锯木床（cut-off table），为锯出标准木条及裁断木条成必要长度之用的。又另置特种"嵌板锯"（Plywood saw）用以锯出门上或窗边所用的小片嵌板等。此外即是各种"台桌"（Jig tables），在那上面可以钉制木框及铺胶嵌板，制成各面板屏的。厂内全部用失业救济会的工人。

定为制式 这种结构规律化之后，成了一种制式，共用四种板屏：①素壁部分（外墙或隔断墙）；②带门的墙壁部分；③带窗的墙壁部分；④屋顶部分（见上页图）。素壁部分，每面板屏高8英尺，宽4英尺。板屏木框两面嵌板夹成的空心用石棉铺满，以防止外墙敏性传达户外的冷热。屋顶板屏每面也是宽4英尺，但有长16英尺及长24英尺的两种，它们中间都铺上4英寸厚的隔冷热的石棉。每面板屏上都加上一层胶质的保护材料，将木缝填满。

整所房子所需为二十二面素壁板屏：八面带窗板屏，五面带门板屏，以及六面24英尺长，三面16英尺长的屋顶板屏。

室内地面是用铁网水泥倒在碎石夯平的地上。这种室内地面从舒适、耐用及工料价的经济立场上估计都是最为适宜的。因为洋灰直接铺在土地上，它可以维持与土地差不多的温度，所以冬天较暖，而夏天又较凉于架空的地板结构。自来水管及下水道的粗管，均先由最近的干线接引埋在地下。粗管头在预定地点由水泥地面伸出，以备在它们上面安置室内各种卫生设备。

地价每区 40 象征数，上下水道地契在内	$ 2 000
工价 W.P.A 借来的工人价值	23 000
共计	25 000
典押贷款总数，全部料价及工厂设备用	45 000
竣工后全部房产估定价值	75 000
每年房租收入总数	6 500
因空闲可能损失	260
净收入共计	6 240
利息债务偿付	3 600
住屋维持费　每所 $ 32	1 600
每四年一次油漆	500
每十年一次换屋顶油毡	270
设备更换修理	150
保险	80
管理费等	600
总付出共计	5 200
每年盈余	1 040

百分率表	
贷款为房产估定价值之百分比	64.3%
利息债务偿付为总收入之百分比	55.4%
利息债务偿付为净收入之百分比	57.7%
维持费为净收入之百分比	25.6%

结构程序　各面板屏都安放在水泥的地面上，一个屋角或正角的两面先准确地安置，其他板屏便可迅速地随着安放外墙及隔断墙的板屏，带窗子的及带门的，都像玩具房子的部分一样聚拢起来。各面板屏之间用某种腻子使它们拼紧，并以长钢条横贯各屏中间，联络扣紧。长钢条横着由屋的一端到他端，穿过每面板屏木条处均用铁片托住（bearing Plates），在屋角两面板屏相接处则穿出角铁（angle iron）然后纠紧。

屋顶各板屏亦同样用横贯的钢条牵住，每隔 4 英尺于一条钢条穿出之两端用生铁的母螺丝（washer and nut）纠紧。此外，再在每屋角安置两条垂直钢条，一条由上面下来，上端钩在屋顶横条上，另一条由下面上来，底下钩在水泥地下，两钢条中间用旋紧子（turnbuckle）连接扣紧。这样全屋四角都紧牵在洋灰地面上。屋顶板屏上用保险十七年的四层石子屋顶油毡完成。

室内墙壁均有上下横条，金属装备均外露，外墙、内壁及天花顶均刷涂三重油漆，完成光滑皮面，以便于洗刷。

卫生设备　一种烧油的炉子，内中带着热水盘香管，可以供给屋内取暖、烧水及煮饭之用。它的烟囱是一整条金属的烟囱由炉上直至瓦外，这是考虑便于移动重新安置的办法。烟囱四周用 2 英寸木棉隔热，并留 2 英寸距离木料的空隙（airspace），以防火力的燃焦。

厨房的水道设备与浴室的水道，计划时即安置它们背向背的在隔壁相连之处。上下水道设备为一洗碗盆（sink）、浴盆、面盆、茶桶及一个 30 加仑的热水储藏锅。所用水管全露在壁外，以便修理。

时间　建造工程程序预定为每所住宅全体工人用一个"工作日"——八小时——完成。结果在实际施工时，维持这个速率毫无困难。

资本及经营的办法　为这五十所住宅供给资本的办法，是分给三个商业团体来投资——两个银行及一个保险公司。三处贷款共计 45 000 美元，以全部五十所房产作抵押，利息 4.5%。虽然典押定为廿年减债基金法，因为预计的盈余利益可能改成六十年。全部房产按美国政府《住所法案》第 207 条中联邦政府住宅管理处将其保险。如有地主收回原地时，则将此地退出保险，另换新区一处。

如果这些住宅有了 20% 空闲时期，每所住屋每月收入可能减至 8.66 美元，但平均当以 4% 的损失计算。这五十所房屋每年的债务偿付本来约占其收入 55% 余。计算损失则为 58%。

住户的选择　最初五十所房子建成之后，已有六百家请求预定的住户。决定选择适当的优先住户是根据我们在请求时本来住处的不堪、急需调济程度及有无能力付出较 2.50 美元更多的租金而定的。能够负担较 2.50 美元更高的住户及已有相当可以居住的房屋，租价亦不比 2.50 美元更高的住户，均暂不得迁入这些新住宅的权利。这种选择住户的工作是借力于地方社会服务团体的协助的，在某一些情形下，服务团且代住户保证房租按期的偿付。这些住屋的一切的管理事务全由福特魏茵城住宅委员会主持。

参考提示与评论

（甲）我们有无注意低租住宅的必要

（乙）低租住宅建造的原则是什么

（丙）分析魏城试验住宅总造价低廉的因素

（丁）分析资本债息与租金的种种

（甲）我们有无注意低租住宅的必要

1. 这里魏城廉价住宅建造试验的报告，表示得非常清楚，美国小住宅研究已渐施于社会。这些住宅是以服务城中最低收入的市民家庭及改善市区的眼光来经营的。

战前中国"住宅设计"亦只为中产阶级以上的利益。贫困劳工人民衣食皆成问题，更无论他们的住处。八年来不仅我们知识阶级人人体验生活的困顿，对一般衣食住的安定，多了深切注意，多国为政者更是对人民生活换了一个新的眼光。提高平民生活水准，今日已成各国国家任务的大目标。故为追上建设生产时代，参与创造和平世纪，我国复原后必须注意到劳工阶级合理的建造是理所当然。

2. 近来后方工厂均为新创，常在郊野，少有邻近住屋，故多自附工人宿舍。复原后工业在各城市郊外正常开展的时候，绝不应仅造单身工人宿舍，而不顾及劳工的家庭。有眷工人脱离家庭群聚宿舍，生活极不正常。这个或加增城市罪恶因素，或妨碍个人身心健康，都必为社会严重问题。添造劳工家庭合理的低租住宅，附近工作地点必须为政府及工业家今后应负责任中之一种，亦无疑问。

（乙）低租住宅建造的原则是什么

上面的资料，低租住宅的建造是为收入最低阶级添设住宅。为给予他们合理的生活，救济他们的拥挤，改善他们的卫生。而先决条件，是租金定为他们所能负担的数目。换句话说，低租住宅最要紧的就是低租，住屋却又不能因低租而不合健康，或不适用于一个正常的贫民家庭。原则就是：

1. 需要足够一家之用，改善卫生标准，而租金额是收入最低的劳工家庭所能担负的数目。

2. 这种建造经费的负担不必悉数倚赖捐助（由政府团体或私人），大部可借经常营业方式（用典押借贷办法筹到需要的资本，以租金收入来长期维持这种事业），只在创始之时取得各方的协助（使资本的借贷部分极端减低，以节省债息，便可促成低额租金的可能）。

总的来说，低租主要的因素有三：（1）为每单位地区工料等总造价本身的低廉。（2）借贷资本债息低。（3）造屋目的为服务，却不为赚利的营业；租金的最大作用只为维持这种住宅本身的可能及存在，租额可以减低到最小限度。

（丙）分析魏城试验住宅总造价低廉的因素

1. 地皮廉价的取得。这个借力于政府机构辅导的力量，同时也得力于有地产者实际的协助。魏城借地协定表示并不要求无条件地捐助，保留地主在必要之时收回原地之权利，且定下具体办法。地主借出无用空地可以省了地税，地产因住宅改善可以增价都是地主所得利益。但这事本身本为社会效劳，我们相信即使利益不大，地主亦不至刁难或勒索来阻碍地方改善的政策。这个美国可以办到的，在中国以后亦不应办不到。困难在还地办法牵涉了移屋，移屋办法又影响结构条件。因高度工业化的活动结构在美国可能简便而且经济，在中国不见得能够如此。所以地皮的取得恐必须考虑其他办法。

2. 利用政府或地方所担负薪资的失业工人可以省掉工价。这个我国以后是否有类似组织可供应用。变通办法如利用闲着常驻的军队，或合法微调民工等，都可以研究。

3. 经济的结构方法和经济的面积分配。在这两方面美国都是参考大学校及试验所专家的研究结果，且依据社会服务团体的生活调查来设计的。我国当然应该同样采取研究的方法努力多做试验。如果缺乏专家的研究，便必须鼓励产生研究的机构来配合实验设计的进行。

（1）在材料结构及工程方面：因中国之工业化程度与美国相去千里，各城市各地区亦各不相同，故欲效法某项特殊试验必有困难。必要时仅能采取它的原则，接受大略的指示，计划一种变通办法，利用当地固有工料方法加以科学调整，作类似的处置，最属可能，也极适宜。一味模仿工业化的材料及结构，在勉强情形下，只是增加造价的负担。

魏城试验所注重的一点，是用科学化的木料，不但尽量在工厂内先制成"结构的部分"，且先制毕"房屋的门窗墙壁部分"，等候在工程地时简便地聚拢，以省人工。中国建墙的材料方法最经济的都是"泥作""竹作"之类，如板筑土墙，如夹泥，如干砖墙等，都比纯用木料板壁为经济。这种工程却需用人工在工程地筑造，绝不能在厂内预制的，而且工程时间及人工数目都无法极端减省，能与现代木工相比。可以定为制式在厂内预制的只有门窗一类。至于屋顶最经济的构造，更需要试验及考虑。

（2）在面积分配方面：详究魏城住宅平面，可以提示三点中美生活之主要不同，以便明了我国不能完全采用近代英美现成设计图案之原因。分述如下：

①魏城所造是包含三个房间及一个浴室的单层独立的木质小

住屋，这与中国生活本无不合，但主要起居室是附带炉火设备，用以做饭的大房间，此外并无厨房，便不适于我们习惯。这个大房间的设计是以欧美农舍中所谓 Farm-kitchen（农家厨厅）为蓝本的。欧美劳动阶级都习惯于在起居室里做饭，日常生活也都在这里集中。这种"厨厅"在欧洲就有几世纪的历史。它是欧美平民所习惯的居住方式，与中国生活迥然不同。

我们平民从来不以厨房为起居中心，因家族群居习惯，居处多以院落为单位，厨灶总是处于室外、室后或院中角隅的地位。生活中心的堂屋或厅，另有祭祖礼法的背景。虽然实际上亦即聚食操作的地点，堂及厅的性质总有婚丧庆贺、戚友来往的礼节意义，不是专为起居而设，更不是设灶地方。我们的烹调方式使贫户仅有一室的时候，灶火也常设在门外。

所以英美小住宅将厨厅合以为一的设计是绝对不适于我国的。通常他们中产阶级因不常用佣工，在餐室内设新式电灶，附带备餐的简便方法，更非我们所习惯。故近代英美面积经济的各级住宅平面分配十之八九均不合中国之用。

②魏城住宅如同美国一般住宅一样，有治安上的保障。四面临街之处均可不用围墙。这点在中国可是一种困难。用围墙周绕以保安全是我国住宅通常的设备。但围墙周绕，如不加增地皮的面积，便使房子狭迫，视线短促。且围墙的造价占了小住宅总造价里一个极大百分率，要维持租价与造价间一个不变的百分率时，则因围墙的造价租价也需要增加许多。这个考虑要从市政治安上入手，根本解决。折衷办法是使房子一面或两面临街，以节省围墙。但如此已是与改进的分离独立住屋的倾向相背而驰，仍不能令人满意。

③卫生设备问题：魏城因利用市中已有之卫生工程干线，故

引起上下水道所费无多。中国许多城市小街深巷过多，可以建屋之地区可能距离大街干线甚远，如遇有这种情形，市府方面应极力协助改善，不应将接引的工料价负担加在住宅造价之上。室内浴盆、热水恭桶等设备，因美国之工业化程度甚高，可以廉价取得，在中国这些设备以后是否仍为用外汇的奢侈品及能以如何价格自制，一时尚无把握可以预计。如果室内卫生设备暂不可能，则代替这种设备的室外处置方法必须要附属小建筑物。如何计划这种附属廊屋，使合乎卫生实用要求而又经济，也是我国的特殊问题，需要新的解决方法。在平面的总面积上，工业化的程度愈高，面积愈小，所以中国的低租住宅的面积很难不较英美新式的略大。

（丁）分析资本债息与租金的种种

1. 这五十所住宅的建造目的是为服务，不在赚利，租金的收入数目最大作用只是为偿付贷款的债息，此外仅保留若干维持费。贷款的数目愈低，租金亦可能愈低。故在资本方面，他们设法使借贷款额减少，以不用付款的许多实际便利来协助完成。同时它仍是一种正式营业，用廿年典押方式，用租金收入偿付债息，留出盈余维持管理。二十年后归政府机构所有。政府设此集中的机构来辅导改善住宅的任务，亦便借此种合法营业，正当的盈余，长期维持它的力量。一切可不借社会偶然慈善事业。

中国以后亦应由政府倡导辅助地方进行，不在赚利，却足维持其本身的房屋经营，以便市民，且抑制市上高价的营业住屋的垄断。但为最低收入阶段建造，在中国则租金所入绝不足偿付资本，极不易成为一种"营业"，必须借义务的协助才能办理。

2. 他们取得资本的途径是由政府领导，地主协助，商业团体来投资，以商业正常方式取息，这一点我国当然亦可同样办理。但在中国，即使地皮等一切条件均相同，三间可住的房屋最低造价，在正常时期，各城市均不止900元，而中国最低收入的劳工家庭每月可以负担的租金，在战前约为国币3元。房租每年收入数绝不足偿付资本之债务。故如何调整，必需其他办法。一部分资本恐必须由团体捐助。各工厂可能有负担工人"福利住宅"开办费之规定等帮助完成。

3. 虽然第一批五十所造成时已有六百家预定名单，市府秉公，不但不因此加增租价，而且在定户中选择不能负担2.50美元以上租金之家庭为优先赁主，决不变动决定的租额，亦即不变为何等级家庭解决住处的目标，此点极为重要，主持者必须注意。

4. 保留足够管理及重修的费用，如规定每若干年重漆，若干年更换新屋顶一次等，即是维持住屋正常合用的状况。能长期维持就是不至于损失住户，使住屋空闲的保证亦即收入损失的保障。中国办事常有始无终，在这种地方，极宜效法英美办理事业耐久性质的谨慎处置。

第二项参考资料

英国伯明翰市之住宅调查

（一）关于调查

（二）伯市发展的历史

（三）研究所得的实况统计

（四）原则的提议

（五）参考提示

（一）关于调查

伯明翰市（Burmingham）是伦敦之外英国第一位的大城市。市区面积达五万余英亩，人口一百零四万八千。它是英国市政改善最早的一城，开了捐拨地产创辟公园和清除"贫民窟"（slum）的先例。

1941 年，当英国在世界大战里尚在吃紧阶段时，伯明翰市的波恩维尔新村信托公司（Bournville Village Trust）住宅研究会便将他们费时三年的伯市住宅实况的调查全部发表，书名为《再建之时》（When We Build Again），内附表格、照片、插图、统计图解及地区图等。这个报告对全城住宅情况的各方面无所不包括、无所不详细。全书用了简单清晰的分析，指出各区房屋在一切方面对于居民生活实况的适应与矛盾程度，作为将来建设时改善的指南。这虽为伯明翰市本身的特殊情形，但一切研究与分析的方法，则是普遍可以适用于任何旧城，以和缓调整政策为前提的改善计划。

伯市虽曾自豪，且仍可以自豪，它是英国最努力进步的工业大城，在第一次大战之后至第二次大战之前约二十年中，共添造了 104 881 所住宅，但他们却得到一个痛心的教训。用了庞大的代价，他们换得一个醒悟。他们恍然觉悟当时急于解决住处，缺乏全市之间及市郊乡之间的"统盘市镇计划"的打算。研究会坦白地承认因当时所有计划每次只限于一地一区的过于"消极性"，致使今日"损失并毁坏了许多可贵的绿郊隙地，全城发展的紊乱竟直接危害于国家应有的福利"。换句话说，二十年来"个别改善"的努力，由今 101 天科学化的鸟瞰看来，已大明了它的错误。筹划上缺乏总纲领，产生畸形及矛盾的局面自在意中。各区各业生活及交通的要求互相抵触、缺乏呼应的时候，自然只得到更大的不便，留下严重的教训：如果改善人民住处只是"个别改善"的住宅建筑活动，则所有努力不但积极的不能在全市合理组织中尽职，连消极地解决每个住户的方便也都成了失败。

调查的意义　所谓波恩维尔信托公司（Bournville Trust）即是世界著名的卡德伯里可可糖果工厂（Cadbury Chocolate Comparny）主人所创设的波恩维尔住宅新村组织所扩大的建造住宅的机构，是对市政不断有贡献的私人团体。

远在 1935 年，它的住宅研究组，对于伯明翰市发展趋势，就感到忧虑，决定进行一种有计划的实况调查。这调查历时三年，以劳工及低薪资市民住的状况为主要研究对象，同时审查住宅区以往与工业区及郊区的关系，如全市扩展之利弊及住户密度增消的缘由及办法。换一句话说，就是要研究住宅的问题症结所在。

这种调查是根深蒂固民主主义国家的动态：民主国对私有产业权利必须保留尊重，不肯横加统治，而同时进行又是社会性的改善计划时，则所先做的一件事，必会是详细的调查。一切实况由专家团体的调查得以大明，提供当局及社会参考，然后法律的合理制裁，科学的缜密计划，社会的踊跃合作才得以产生。这是艰难的，和缓的，但确合实际的改善的调整，目的在经由演变向着市镇的完善。这种调整的性质与受过剧烈破坏大部后重建的市镇计划不同。与社会主义下发展新区，创立城市作崭新建造试验的自然也不同。但今日世界在建设之时，这几种趋向的努力都必须注意及明了，因为我们都有参考他们的必要。

调查的内容　波恩维尔研究组的调查，为统计的清晰起见，分伯市环绕的为三个围域：中心、内围及外围。各种住宅情况都划入这三个不同地带中互相比较。因中心为最早旧有之市镇，街道狭迫经工业革命的突袭骤成拥挤错乱的区域，多不堪居住的房屋及突兀丑恶的工厂。内围发展在 1911 年前后，外围则发展在 1918 年以后，情况因社会的努力，各围愈后愈见良好，密度也逐渐减轻。同时因东西南北各区域的工商业情形不同，住宅调查也将住宅划在七个市区下研究（图一）。

这个调查除对房屋本身的各种统计及其租金之外（后表一至四），社会性的资料等方面都取得正确的统计，以增加对事实的了解。如：（1）劳工市民由家中到工作地的往返时间与费用（表五、六、七）；（2）百分之若干工人可以回家中餐（表八）；（3）市区内公园面积与人口之比率（表九及十）；（4）儿童户外活动及游戏在何种地方（表十一）；（5）若干住宅前后小圃要经常整治，表示事实上它们是否为住户所需要（表十二及十三）；（6）若干住户愿意保留原来住处及他们的理由（表十四至十六）。

同时这报告先将伯明翰市的演变历史，如各时期社会及政府对市府的态度和努力，议会各次所通过的法案，以及地方上各次所实行调查和建设都作了简单的叙述。这一段历史非常有趣，可以代表一个现代城市的传略，可以增进社会人士对市镇的了解。

调查目的　这个调查的主要目的是：

（a）掌握现时住宅的一切状况。

（b）1919年以后所努力进行的扩展市区计划，它的结果到底如何？

（c）据实际所得材料有何结论可以指示将来设计的倾向或宗旨？

调查方法　研究组利用许多公共卫生及户口调查的统计，但主要倚借自己实际的调查。调查分两部，测量及访问工作。

（甲）**测量** 测量分两段：

（1）详细的住宅及住区测量。

（2）普通测量，指示以伯明翰市为中心的四郊发展。

这是在六英寸比例尺的地方地图上标出已经建屋的地区，现在工厂位置及永久的空隙，如公园等地区。整个面积包括 1 100 平方英里。因为这研究计划的目的也注意"乡区"（Regional）整体的组织，不但注重"市区"而已。这部分工作着重给计划地区时做参考，预先保留各种地区的用途，为此后五十年内的新陈代谢一旦演变及发展定出有系统的途径，不致紊乱互相抵触。

（乙）**访问工作** 注重在取例时的逐户调查。他们按照公共卫生部所给予工人住址，每三十五家工人住处中巡视一家。二十九位有经验的社会服务人员共同参观了 7 161 所劳工居民的住处。访问员将预先计划好的问答表格，在参观住户时填写。调查后经手人立刻将这表格交给专家，划在三个围域及七个市区下综合分析；要知道伯市百分之八十强为工人，所以他们的住宅是全市住宅的主要问题。调查住户时必须同住户中之主要负责人问答（三分之一的访问必须同男主人问答），如果所访住屋空寂无人，经三次访问后仍然没有住户或不得接待时，则可另访距离此屋最近的一家，但必须与原来访问住址在同一街的旁边，以避免牵涉不正确的其他因素。改访他户必须在访问原址三次失败之后的原因，是免得遗漏整日必须外出工作的住户。如果房屋已改成工厂或公司办事处，访问员仍须访问看守人，因为可能看守人的住家问题就需要考虑。

在访问时最需要的是引起住户的兴趣，自动地合作。故在访问之始，就先解释访员们代表一个研究住宅的组织，在努力调查伯明翰全市住户的需要，他们希望将关于住宅的几种实况请教于选出的住户。

　　问答表格分两种：（1）主要问题的问答表。此表分前后两面。

　　（2）愿望问答表，亦分前后两面。

主要问题问答表（前面）

BOURNVILLE 新村信托公司——研究组住宅调查表									
区 4		次区 11				编号 3601			
市有地产　　　1937 年 11 月 19 日				单独住宅		住宅公寓		合坊公寓	
						市　私　公		市　私　公	
				市	私	公	厨厕自用		
					✓		厨厕合用　　　地面		
							地面		
							附铺面　　　　否		
何时迁入附言？　　　1928			若是房客	每周租金		分组收入			
						地方租及水在内 15/2 无			
房屋年龄	战前	1921—1931	1931—1937	若是主人		还付年付地方税及水费地税年付			
住宅内家庭户数 1									
房间数 5	起居室 2	厨 1	杂 1	浴 1	卧 1	是否部分	分组	是　否	有家具　　无家具
庭园									
有园？ ✓				无园？		房外另置庭园			
爱园？ ✓		不爱园？		情形	爱园？	不爱园？		有	无
六十岁以上老人详情									
配偶		每周收入	收入性质	小住宅？		何处？		何故？	

注意——以上各项必须亦在背面各栏中照所需填入。
房客认为满意，但称潮湿为憾。

愿望表（前面）   总号 1650

Bournville　新村信托公司

研究部

姓名　Mr. X. Y. Z.

地址　IO. the square

1. 下面是可能的十二个原因，使你住在现在的房子。哪一个是适应于你的？

（1）你离你的朋友们近。✓

（2）你喜欢这房子。

（3）离丈夫的（或主要生活维持人）工作地近。

（4）房租低。✓

（5）这房子是自己的产业。

（6）你喜欢一个花园。

（7）你喜欢住近市中心。

（8）你愿意住在离市中心较远处。

（9）你是当地教堂、俱乐部或集会的会员。✓

（10）你憎恶迁移的麻烦与费用。

（11）你若迁移大概需要付较高的租金。

（12）这房子以外再找不到。✓

如有其他原因亦应加入。

愿望表（背面）

2. 下面是十个可能使你迁移的原因，假使你想迁移，哪一个原因是适应于你的？

（1）你愿意离你的朋友近点。

（2）你想要一个花园。

（3）你愿意离郊外或公园近点。

（4）你愿意离丈夫（或主要生活维持人）工作地近。

（5）你愿意有一所较好的房子。 √

（6）现在的房租太高。

（7）你愿意得一所新房子。

（8）你愿意住在公寓。

（9）你愿意住近市中心。

（10）你愿意住远离市中心。

如有其他原因亦应加入。

3. 综合而论你是否想迁移？　是

4. 你愿意住在何处？

5. 然则是否离丈夫的（或主要生活维持人）工作地更远？

6. 车资是否会增加？　是

7. 你已否登记请求一所市营住宅？　是

8. 在何处？

9. 在何时？　1932

调查人 G. J. C

主要问题问答表（背面）

关系（受访问人作X，户主如非丈夫作"H"）	年龄	职业	登记否	夜工	失业	雇主及工作地 区	在职年月	雇主职业性质	由家至工作地距离	全日工作（以最近一日为例）早程 离家	报到	交通工具	每日交通费	中午交通费	每周交通费
成人															
儿童															

昨日空闲时间 游戏时间	星期 地点	天气　晴　小雨　大雨 距家（里）	行程所需时间

户主（男性）生地
何时来到伯明翰

主妇（或女户主生地）
何时来到伯明翰

108

（二）伯市发展的历史

伯明翰市发展的历史极为有趣，知道它演变的梗概才能明白它现状的来源与特质，亦即可以明了这一百年中一个工业城市的形成是怎样一回事。

乡村集镇时期　英国的市镇，当时为了保护其居民中的工艺匠人立了所谓 Charter，可以禁止他处匠工的迁入。伯明翰市的发展，在工业革命以前，正因它是个古代的集镇（Market Town）而无 Charter 的结果。

伯市直至 1838 年成为市镇才立了 Charter，所以一向是有技能有作为的工艺匠人的自由地，却得不到业会会员的资格。由十六世纪起，这城就吸收许多独身起家各个部门的铁匠，发展出工业城市的主要原素。

工业革命带来的大变　十九世纪初，伯明翰已扩大许多，但尚是带着乡村色彩，匠工各自工作的市镇。直至十九世纪的末期，方形成另一面目的大都市，旺盛活跃，但亦有几分可怕。工业革命带来黑烟将近郊逐渐吞并了，在狭迫的小街巷中，零乱产生丑恶的工厂仓库及工作场（图二至图四）。因为那时代的社会相信人人自己知道取得与自己有利的一切，人人尽可自由发展，其结果是虽然集体的市是有财力的，一切都自然发展，没有地方当局来负责。当时的社会觉得如果男女儿童，为着某种工资，自愿在缺乏阳光的湫隘区域中日夜工作，那都是那一些人民的事，不关他人。所以伯明翰市日益富有，而矛盾的丑陋愈代替了所有悦目的乡镇色彩。而贫困的工人加增，生活程度到了不堪的情形。这时期所造成的可怕状态，自然也不限于伯明翰一城。

新市镇的开始 到了 1869 年以后，约瑟迁伯伦（Josepb Chambertain）做了多年市长产生一种新的市镇观点，他发愤改善那里的贫民窟，大胆地从事一个空前的措施。那时的市议会已有许多富于个性的杰出人物，他们筹出 15 000 000 镑的款，将特别不堪最不卫生的一大区域扫除了，成为今日主要大道的 Corporation Street，同时在许多抗议下，将自来水、瓦斯等由私人手中取归市府，作为公用工程的基础，一时伯市便成为英国最前进之都市。

公园的开辟 这时期中的社会意识渐高，有了种种改善住户生活的感觉，感到人民有游息及享受林木趣味的必要，故在这时所建的内围一带产生出较多的公园（图十），但当时这种设备完全需倚赖捐出的私人产业，故其分配并不能平均合理。

1846 年，开辟了第一个公园——Adderley 公园，占地 11 英亩；1857 年，开了 Calthorpe 公园，面积 31 英亩；又隔七年，1864 年开了 Aston Hall 公园，49 英亩；至 1873 年的 Cannon Hall 公园，则有 81 英亩。这个最后的公园，至今仍认为是最佳的一个。

第一个空地是由市府股份银行公司购买的 8 英亩的 High gate 公园，它是约瑟迁伯伦在 1876 年所辟，同时也是伯市"中心"唯一的真正公园。

1876 年，议会特别通过伯市府可将"中心"墓地改成公园的法案，St.Martin，St.Mary，St.Paul，St.John，St.Philip 等都陆续变成公园，尤其是 St.Philip 的增辟，对于市容及卫生的改善最为重要。

1877 年，第一次在已建市屋中间开辟儿童健身场，在 Burbury Street，面积为 4.5 英亩。继续又辟了几个，有的为大工业家所捐，有的为市府合作公司所购得。这种活动酿成全国性的儿童健身场的运动，成立了全国健身场协会（National Playing Fields Association）。

开辟公园的办法到了 1917 年被波恩维尔卡氏之子借鉴，又创立了一个新的组织称为"公益信托公司"（Common Good Trust），目的是当市政府缺乏法律力量购买与市府计划有用而又正在出让的私人产业的时候，以公司名义可以立时购得。这些地产有时是美好的林木，有时是有历史价值的古建筑及私园，可以经过合法手续由公司再转让市府作为公园，著名的例如 Blakes ley Hall 即是。这个组织极为特殊，亦是近代社会团体购买地方历史古迹名胜捐给公家的先声。

新村的初试 1879 年，伯明翰企业家领袖 John Cadbury 开始另一种居住情形的努力。他将他的可可糖果工厂由正在退化拥塞不适于制造食品，亦不宜于工人健康的 Bridge 街迁至波恩河边。在那里他创立了所谓"花园中之工厂"。十五年后卡氏见到纯为牟利的住宅，对因他的工厂迁移而致的纷纷投机活动颇为不满。他知道以往恶劣的住屋，正因这类似的情形曾迅速产生，故为防止这种投机的恶劣建造，他由 1893 至 1899 年逐渐购买从前的 Bournville 镇旧址。他的目的是创造廉价且美好的住宅，附于工厂左近，但不直接系属于工厂。这些住宅每所有小花园一区，他的目的是将这种"新村"的试验先例献给其他调整住宅的市镇作为参考。

在这时期英国的法律还规定着整列的"窄条后院式住屋"（Tunel-Back House）（图六及七）为通常定型，卡氏则援用各种形式以每两所或数所为一组独立的单位，他的新村最主要的特点是住户不限本厂的职工人员，这个开了近代市镇各种新村之先例。最后将这新村组织扩大，成立了信托公司，以经常建造及经理

Bournville 住屋为责任。1900 年，Bournville 共有 330 英亩之地区，造了 800 所住宅。

议会通过"市镇计划法案" 到了 1909 年，改良住宅的各种努力使议会终于通过了市镇计划法案，但它只适用于未经建造的地区，开辟交通干路，约束住宅区的性质和密度及工业区的规定。

伯明翰又是英国第一个都市，首先应进行第一个市镇计划。所计划的地区为伯市的西南部，占 2 300 余英亩，但这一年适巧为 1913 年，第一次大战的前夕，一切的实际进展被战争的需要所阻止；虽然对伯市整个外围的计划仍然进行筹备，且第二个计划为伯市东部，继而市之北部，南部及西南部诸计划接踵而来，终于全英 51 147 英亩面积中，38 509 英亩是有预先干线计划的。

英国议会对于市镇由放任至立法管制实由于社会舆论与努力的趋势，而不是主动的。

1913 年的调查 1913 年，伯明翰市曾组织贫民住宅现状调查会，这一次报告在欧战开始后三月完成，报告叙述全市有 5 万所住屋已不适居住，且若干所中住屋过于拥挤，这等于说伯市的住宅在质与量上都发生了问题。但因军火的生产加紧，调查委员会反对彻底改建，却提议立刻购置外围地区安置卫生工程，开辟新路，划出公共建筑及公园各地，将各处地区及店面出租给营建师及私人，约束某发展性质，不使再有退化，形成日后贫民窟的趋向等等。他们的希望是外围住屋租价虽较高，但仍可以吸引内围较优裕的住户迁至新址，市中心的经济较优住户则又可移入内围，这样向外展开的动态才可以减轻中心的拥挤，然后所空出的住屋，便可以加以彻底拆毁。委员会更提议制定旧市中心及内围的新计划，立刻毁去最恶劣的住屋，修整其余可以勉强适用者。这样和缓的调整而趋向着将来大举的建设的提议，虽极为聪明，但因战事不允许各种新建设，一切进行结果大受影响。

正在这时候，伯明翰的人口因战时工业而大增，房荒亦骤然严重。同时建设部另订工人住宅标准，规定每户睡房三间，厨厅及小客厅各一，外加浴室、冷藏、洗涤、储煤所及厕所。这标准并不算过奢，但因此前所有工人住宅情况水准过劣，骤然适应这新标准，市府在财政方面增加意外重负，无法解决。

因大战的停顿 到1919年，大战结束之后，伯市重新能够建造之时，房荒已达极度。正常时期，伯市每年所需新屋即为2 500所。因为战事这五年的停顿，使伯市在清除改建已不堪的住屋之外，更急迫需要12 000所新屋。许多因战时工业迁入的市民已在此住家，不再迁出。不但这大数目的新户口急需要住宅，那当时不克修整的贫民窟到了此时情况亦更恶劣。

市府担任建造的开始 这时期因物价的激增及房租的受约束使得营造工人住屋无利可乘，商家均不愿投资经营。战前市府本不愿承担这种事业，削弱商人营业机会，到了此时，住宅由地方市府经营，却成为唯一解决的途径。

战后政府鼓励建造的经过及其结果 1919年通过《Edison住屋法案》，政府负担地方市府建造住屋的损失。同年又修正这住屋方案，对地方审定合格的营造商，给予财政上的补助。这个法案是有划时代的重要性的，因为这样政府才算首次责成市政当局供应解决各市住宅的需要，且政府承认财政上的协助。提议法案的议员，又组织调查委员会，调查结果报告伯明翰所需新屋数目为194 352所，内中150 000所为劳工家庭住宅，规定在三年中每年立即建造14 500所。当日伯市人口总数为910 000人，80%强为工业区员工。

于是同其他城市同时，伯明翰的住宅建造立时活跃。但因战后人工及建筑材料的缺乏，又产生障碍，市府曾考虑交给营造商家包工的便利，但公私两方所经营的工程都受延搁。最后又创始一种组织，商家不但投资建造，且承领建造以后的一切管理及经营。经过如此努力，结果四年中本拟建造10 000所的住屋，还只建造3 234所。每所的造价约9 000至10 000镑。造价日高的因素，有一部分由于政府所答应的损失补助无限制，故地方当局对于计划材料过奢及工程效率过低都不加注意及防范所致。这情形到1921年便达到顶峰。

1923年，英国经济凋敝，政府开始财政紧缩。《Edison住宅法案》被修改成《Chamberlain法案》，规定每年每所住屋政府津贴6英镑，继续二十年。物费骤降及民间经济能力的减退使房屋造价亦骤然减半，但这时政府补助过低已不能激起建屋的努力。所以政府对住宅的政策大体上算是失败的。

1924年，《Chamberlain法案》又改为《Whearley法案》，政府津贴每屋由6镑增至9镑，但补以地方当局也津贴4.5镑的条件。同时将住屋的标准在房间面积方面都略减少，"厨厅"之外不再加小客厅，浴室与厕所合为一室，储煤及冷藏均减小。这个新法案又使建造稍稍复活，大量营建一般低薪员工可以负担的廉租住宅才有可能。

1927年，法案又修正将政府津贴减至每所7.5镑，地方当局津贴减至3镑15先令，但因物价亦在降落，故建造的进度又维持了六年不断。

此后八年中（1927—1935年）所建住屋共为33 612所，较之1919年法案后四年的3 324所及1923年后四年之3 433所自然是大为进步（见后表一）。

这些大量建造及新村产生之可能，是借力于市府预先在四郊展拓未经建造的新区域。最大一次为1911年（1913年大调查之前）所增辟，1928年及1931年两次又稍增广（图九）。

1930年7月，市府合股公司（Corporation）完成它的30 000所住宅之时，这住宅由当时卫生部长行揭幕典礼，那一年市府所建住宅达6 715所，至今尚为最高纪录，可算市府建造之全盛时期。

1933年以后两年因物价低，私人投资营建风气又炽。政府又通过法案允许典押的优待（房价百分之九十）更鼓励商家营造。很多优裕工人当时曾是租赁市府住宅的主要分子，在这时期中愿意用分期付款方式自购商营住宅。故今日外围住宅五分之一是属于此种性质的。

虽然住宅建造颇有进展，但中心的"贫民窟"情况除增设自来水一项外，实在同1918年调查时无甚分别。直至1941年，贫民窟仍然存在，亟待解决。极少数的住屋虽曾拆去，大部分的不但没有拆除，情况且愈恶劣。43 000余所所谓"背向背式"住屋（Back-to-Back House）（图六及七），至1938年只去了4 500所。58 000家无单独厕所的只解决了7 000家。仅有自来水一项有点进步，无单独龙头的由42 000家降至13 000余家。

至于分赁过挤的情形则更严重，添造房屋虽比人口增度高，但因"家庭"数目较"人口"大为激增，住宅的适应又产生这新的问题。

社会人士的确曾不断热心及努力，但力量总嫌有限。著名的COPEC住宅改善协会曾在1928至1936年间预备了十九次翻修贫民住宅的计划，355所改良住宅至今还是佳例，有极高教育上的价值。

至1930年《住屋法案》通过，又开始发动清理贫民窟运动。但1935年以后两次清除命令仍是迟缓的，直至1938年只有10 000所的小数目被确定为必须拆除的，事实上确实已行拆除的才有8 000所。

故虽然伯市居民已有三分之一迁入 1911 年以后新造的住屋，而清除贫民窟的努力同新村的滋长趋势总是相去悬殊，诚为憾事。1938 年，政府发起新建与清除，创立联合委员会，协商一切进行事宜，决定五年中每年最少需添造 5 000 所新屋，但这五年总数 25 000 所住宅与 1935 年卫生部所调查认为改善贫民窟所需要的 30 000 所相较仍缺 5 000 所。市府虽亦鼓励商营住宅来救济，但眼前伯市未建区之缺乏，使此问题的解决更加困难。

（三）研究所得的资料统计

将伯明翰市分作三重围域（Rings）——中心—内围—外围——以便研究（图一），这三个围域的特征如下：

1. "中心"围域内的性质　"中心"内是许多错杂的工厂砖楼、狭迫街道及拥挤住屋，所有发展绝无计划（只有 1870 年市长张伯伦所改辟的一条正街为例外）。50% 至 76% 住屋为三层楼的"背向背"式住宅（Back-to-Back Houses）（图五）排列的楼房中间夹着所谓"院场"（Court 或 yard）。

约 150 000 人住在 38 773 所这最不合卫生的住屋里。这种"背向背"式的住楼最劣之处尤在它的附属厕所等设备。因为房屋的缺乏，三个住户分租一所每层只有一间的住宅。情形至 1940 年尚未改善多少。

住宅本身之外，加重"中心"区域"贫民窟"（Slum）问题的为各种各级大小参差的工厂、仓库、机器房包围着民居，也错杂其间。公园的调剂经各种努力由基地改成。

2. "内围"的性质　伯市内围区域受到十九世纪中市政改善及社会努力的影响，较中心为进步，但发展仍不经设计，重复

116

中心所有的错乱。特征为"窄条后院"式的住屋（Tunnel-back House）（图六及七）的产生。这种房屋单调到极点，绝无个性。英国建筑这时正由"乔治"（Georgian）的黄金艺术时期骤然降落，大部住屋都为投机取利的目的，只求密度高，毫无艺术的思想。今日过此，仍可以穿行几英里的排列成行的红砖住屋楼，不见愉快的布置。外表点缀有时更为不伦不类。较大建筑物如学校教堂、工厂，更突兀伧俗，市容只赖商业大街两旁物品及灯光的繁盛。住宅内容在当日由"中围"区域迁来的住户看来，当然已是一种进步。但在近代标准下检查，只是不便、灌风不暖及无趣的总和。少数含有浴室、洗碗室湫隘黑暗，楼梯峻陡狭迫；但自来水已是改进的产物。第二次大战前后，薪资较高的工界职工的住处以此为代表。但内围中 Edgbaston 住区则为例外。它保有"乔治"（Georgion）时期的风格。砖造意大利式及 Polladian 式的廊柱门面为富裕住户的生活表现。它们前边有宽舒的林荫，数分钟的步行即可以到达郊区或公园。Edgbaston 是有计划住区的好模范，即使在今日仍为美丽的市容。不过它所代表的是那种只为着富户才设备愉快环境的时代，市政理想还没有萌芽。

3. **"外围"的性质**　外围是伯市最后发展的围域，大部是1913年以后的建设，各种住屋形式表面随各时期试验变动。营业投机在新村风气之后，故有多种图案作租金的张本，市政府所营新村则简朴进步。"内围"的发展只是吞没了原有美丽乡镇及私家园地，一概造成红砖无趣的长排市屋，如杂乱的商区。这里外围发展则是有计划的新村，种树的街道和围堤及美好的双层住宅楼屋。许多是1919年以后改善的建造。

"背向背"式住屋至1938年仍有3万余所，正是贫民窟的主体住屋。从外面走过的人绝不易注意到每个临街窗子代表着一个单零的住户，且只有一间房间。一家三个房间是重叠在三层楼中（但多分租）。第一层是厨房兼客厅，12 或 14 英尺长，11 英尺宽，8 或 9 英尺高。每屋只有一面向外，分临街及向内院两排，储藏室不通空气，楼梯转折黑暗，且无扶手、栏杆。内院一个水管龙头供各家公用。藏煤地窖极湿，多不可用。洗衣及厕所在后院中。后院住户出入须经由两屋间窄巷。每英亩密度达 60 所，约 200 人的密度。伯市现尚有 15 万人住此种住宅中。

1938 年，卫生部调查认为其中 17 500 所已不堪居住，宜在五年内清除。

"窄条后院"式住屋的产生在法律规定住屋须两面通气的限制以后。这种排列法巧妙地避免在一块深度地皮上有增加街道的必要，而同时不违法。重复的长列，同样的内容，密度每英亩 20～30 所。这密度虽已比"背向背"式减低，但仍不能有足够的阳光及良好的部署。这种房屋成为各大城普遍形式，租金 1914 年每周约 6.5 至 12.5 先令（"背向背"式则在 3 至 6 先令）。此式后来略有改进，前加小圃，虽不能种多少花木，但可容一个突出窗（Bay-window）。此式带突窗的住宅当时地位大为高雅，与今日两屋相连的独立住宅差不多，为境况较丰的表示。有时内部一旁加窄长的甬道，由入口至厨房，其特征是阴暗无光，虽然法律规定的目的是在多得光线与空气。

"普遍"式住宅产生在"花园新村"受到社会的注意以后，它们有时 2 所相连，有时 4 所或 6 所合成一组。标准内容是两厅三卧室、梯道、厨房、浴室与厕所、小冷藏室及煤棚。

伯市七区表

中心	1
西北	2
东北	3
东	4
东南	5
西南	6
西	7

伯明翰市平均每英亩 20 人

中心 每英亩 62 人

内围 每英亩 32 人

外围 每英亩 15 人

外围　内围　中心

本图数目所指是人口的总密度。至于净密度则须将商业用地及非住宅用地，如道路、空场、教堂等减去方能求得。中心密度至少仍在外围密度 4 倍以上。估计中心净密度在每英亩 120 人以上，若干地区竟达每英亩 200 人以上。

图一　伯明翰市人口密度图表（附　伯市七区表）

119

图二（1）　市中心区域一部之现状平面

图中指示 Jewellery Quarter 一部之现状——一堆无状的旧工厂及住宅。

图二（2）市中心区域一部之现状平面

图中指示同一面积可改作两排六层建筑物，周围附有园庭空地。中央建筑可供给以往未有的公共便利，如女工所之托儿所，卫生站等。

图三　内围住宅区现状平面图

本图所示是标准的内围住宅区，一条又一条单调的窄条后院后式住宅。

图四　市营住宅区之一部平面图

图中所示是市营住宅区之一部，每英亩建屋 12 所。

图五 "背向背"式住屋 Back-to-Back Houses

这个标准院场包含 14 所背向背式住屋。

卧室 3
7'6"×9'6"　卧室 3
7'6"×9'6"　　　卧室 3
7'6"×9'6"　卧室 3
7'6"×9'6"

卧室 2
9'9"×12'0"　卧室 2
117'½"×12'0"　卧室 2
117'½"×12'0"　卧室 2
9'9"×12'0"

卧室 1
13×11'　卧室 1
14'10½"×11'0"　卧室 1
14'10½"×11'0"　卧室 1
13×11'

楼上平面

厕　厕　　　厕　厕

煤　煤　　　煤　煤

厨　厨　　　厨　厨

起居室
13'×12'　起居室
13'×12'　起居室
13'×12'　起居室
13'×12'

客厅
13'×11'　客厅
13'×11'　客厅
13'×11'　客厅
13'×11'

楼下平面

图六　窄条后院式住屋 Tunnel-Back Houses　　125

图七 窄条后院式住宅透视图

图八 普通式住屋 THE UNIVERSAL PLAN

127

符号

1911 以前地区

1911 增加地区

1928 增加地区

1931 增加地区

图九 1911—1931 年市界扩展图

　　市参议会划收广大野地的远见，在此图中至为明显。这些地区内大部分面积已经建造。这些地区内的添造住宅使中心及内围中人口密度得以减轻，这是 1911 年以后市政上一大改进。

林园	
市营住宅	
市界	·-·-·-·
主要汽车电车线	▬▬▬
直通线	▭▭▭

图十　伯明翰市市营住宅、林园及主要交通线图

　　本图指示市营住宅与伯明翰市营电车汽车线之联系，各住宅区离散在市区外界一带，与市心区多有直达路线，需时约 25 至 30 分钟，到中区则需要增加 5 至 15 分钟的支线联络，"直通"线也少是伯市的特征，是因为市中心区近于拥挤所致。由市之一面达到另一面，往往以乘搭外围线为便利。

　　此图也指示着再扩展则交通距离太远，将不能适应住户的便利，反成问题。

这种房子的大体形式及内容在各城里几乎一律，所以被称为"普遍式"，内容的改进极为显著，环境舒旷。故虽然这种住宅多在距离中心工作区更远的地带，但仍能大量吸引内围较优裕的住户由"窄条后院"式的住区迁来居住。

投机商人一面见到他们的受欢迎，一面又见到他们所需要的地皮大过其旧时样式甚多，会减弱他们的利润。故商营住宅虽用这同一平面，但在形式及装饰上却出了许多花样，以求迎合赁户的虚荣心理，作为较高租金的理由。庞杂伧俗非艺术的变化成为风气。市府所建新村即在这方面加以纠正，多用简洁的风格，使整区归于典雅，以后的进步是要在材料的选择，部署得更合理，街道的林木及公共娱乐中心的各方面。

住屋总数为 280 000 余所，其中 100 000 所为 1920 年以后所建。调查实况，2/3 的低薪阶级仍住 1914 年以前的房屋。中心区大部房屋已过 50 年，标准落伍，在 20 年内必须完全代以新屋；卫生部报告 17 000 余所已不堪居住。外围在 1930 年以后建。

表一　住宅数目及建造时期百分比表

围域	住宅数目（1938 年 10 月 1 日）	1941 年及以前	1915—1920	1921—1930	1931—1938
		%	%	%	%
中心	46.851	98.9	—	0.5	0.6
内围	79.308	92.2	—	5.6	2.2
外围	162.677	40.5	0.1	31.1	28.3
全市	288.888	66.3	0.1	18.1	15.6

围域	（1） 标准式（完整 住宅独户居住）	（2） 完整住宅一间 以上房间分租	（3） 公寓住宅， 厨厕公用	（4） 公寓住宅， 厨厕自用	（5） 合坊公寓 （Block Flat）
		%	%	%	%
中心	94.0	2.0	2.0	1.1	0.8
内围	92.8	3.2	3.3	0.7	—
外围	95.8	1.3	1.8	1.0	0.1
全市	94.6	2.0	2.2	0.9	0.2

围域	每□□□□①				
	1 或 2	3	4	5	6 以上
	%	%	%	%	%
中心	1.7	49.6	18.9	20.3	9.5
内围	0.9	15.1	22.1	39.9	22.1
外围	0.6	4.0	26.9	49.6	18.9
全市	0.9	15.7	24.0	41.2	18.0

造数之低，指示未经建造地区已所余无多。

伯市"分租"及住公寓的习惯比他城弱，公寓除却市府的试验设计二三处外尚不多见。但这表所谓"分租"乃指将住宅内分出房间租与他户，不管设备及家具而言。将自己陈设的房间随时短期分租者并不包括。

由人口调查统计中得知伯市81%的家庭人数为四人及不到四人者，过六人者只有3.8%。用种种分析研究，均以每两人需一个卧室计算为适当。故此点指示全市仅1/5的住屋需要三个或三个以上的卧房，而4/5只需两间卧室。为将来建造新屋的参考，表四意

---

① 原稿中字迹不清。

义最大，它指出今日伯市租金负担的比例，40% 在 10 先令以下，20% 在 8 先令以下，且在中心区付 10 先令以下者达 71%。今日市营住宅新村的租金虽约为 10 先令，但外围一切生活所需的价格比中心高，而市营住宅中，三卧室者租金较商营同大小者略高（市营住宅两卧室者则较商营为低），由中心迁至外围者，可能致其全部生活费增加 1/3，这点将来不可不顾虑到。

伯市自置房产的住户总数仅 14%，其中 6/10 强仍为分期偿款者或负典押债务者；绝无房金负担的住户实际上仅 5%。

因为家庭增加率与人口增加率不同，伯市人口虽稍减，但因家庭数增加，在数十年内住宅的数目必不比今日低，但房间数目多的住屋则可略减。在中心及内围多单身住户，因家庭消散，所余鳏寡老者，因新住宅太大，所以没有迁移的理由。此点指示将来新屋中必须包含若干老人住宅。

表四　各区商营住宅最通常租金比较表

黑色条指示市中心极低租金住宅百分率之高，灰色条所示者为内围，白色条则指示外围。最可注意之点在市中心住宅的租金，将近 40% 在 6 先令与 8 先令之间，而外围住宅租金乃有将近 40% 在 16 先令以上。可知最低租金住宅仍多在市中心，所以较贫穷的住户仍趋向留居在市中心。

表五　住户在所住区工作者百分比表

区域	市营住宅住户	其他住宅住户
	%	%
1 中心	★	58.2
2 西北	9.0	22.8
3 东北	46.6	44.8
4 东	29.8	34.8
5 东南	23.1	29.8
6 西南	41.9	53.6
7 西	★	27.9

★ 数目太小不足以作统计

市营住宅住户在本区工作者较其他住户少的原因是因为市营住户多近代所建，在外围较远地区。第三及第六两区居民之所以多在本区是因市营新村靠近几个大工厂。

表六　每周车资费表

133

表七 （主要生活维持人）到达工作地所费时间表

区域	0 ~ 15 分钟	15 ~ 30 分钟	30 ~ 45 分钟	45 分钟以上	无定时
1 中心	45.4%	30.4%	7.8%	6.6%	9.9%
2 西北	26.1%	38.4%	16.0%	10.0%	9.4%
3 东北	30.7%	38.6%	14.1%	7.8%	8.7%
4 东	24.5%	41.6%	16.8%	8.6%	8.6%
5 东南	23.0%	38.3%	16.3%	9.7%	12.7%
6 西南	26.6%	35.5%	15.1%	12.3%	10.5%
7 西	35.6%	32.3%	13.7%	10.7%	7.7%

平均全市工作人员之 45% 不用车费。车费 3 先令以上者为 11% 强，5 先令者 3%。约 1/8 的工作人员居处距工作地点在 4 英里以外。这个情形与伦敦相较实算从容。

这种距离，除费用外，更可影响工人回家午餐；如果行程超过 15 分钟，回家午餐即不可能，这点亦即直接影响工人生活情形。

表八 主要生活维持人中午回家者百分比表

围域	中午回家者	中午不回家者	中午已在家者（如夜工或午前下工者）
中心	34.9%	52.1%	13.0%
内围	30.2%	57.4%	12.4%
外围	22.5%	69.2%	8.3%
全市	26.9%	62.7%	10.3%

表九 空地分配表

（1） 围域	（2） 公园游戏场 等地面积	（3） 各围域 总面积	（4） （2）与（3） 之比例	（5） 人口	（6） 每千人所得 空地面积
	英亩	英亩	%	人	英亩
中心	35	3 023	1.2	187 900	0.2
内围	422	8 944	4.7	288 600	1.6
外围	3 342	39 180	8.5	571 500	5.8
全市	3 833	51 147	7.5	1 048 000	3.8

表十 英国八城市人口每千人所得空地表

市名	每千人所分配面积
Leeds	6.5 英亩
Newcastle-on-Tyne	4.3 英亩
Birmingham	3.8 英亩
Manchester	2.9 英亩
Glasgow	2.8 英亩
Liverpool	2.5 英亩
Gardiff	2.0 英亩
London	1.9 英亩

近代称公园为市镇之肺。伯市公园面积与英国各大城相比，显然是充足的；但相对人口比率仍为不足。全国运动协会建议标准，单算运动所需，即为每千人 6 英亩，为环境改善的公园尚不在内。表中数字尤指示三个围域中情形的悬殊；且中心区公园多半是小区，只有 1 英亩左右，离合理标准甚远。

表十一（Ⅰ） 晴天儿童游戏地点百分比表（周日）

围域	屋内	院内	花园	街上	废地	学校游戏场	公共游戏场	公园	前列各处均有	他处或不游戏
	%	%	%	%	%	%	%	%	%	%
中心	12.4	20.3	3.8	18.9	0.2	0.3	2.4	4.3	31.9	5.5
内围	20.6	5.3	8.6	13.9	—	0.9	0.6	5.6	37.0	7.5
外围	24.3	1.1	17.3	13.9	1.1	0.3	0.5	1.8	30.9	8.8
全市	20.6	6.6	12.0	15.0	0.6	0.4	1.0	3.3	32.6	7.9

表十一（Ⅱ） 晴天儿童游戏地点百分比表（星期末及放假日）

围域	屋内	院内	花园	街上	废地	学校游戏场	公共游戏场	公园	前列各处均有	他处或不游戏
	%	%	%	%	%	%	%	%	%	%
中心	3.2	20.1	3.2	16.4	—	3.2	1.6	12.2	30.0	10.1
内围	10.2	4.5	10.2	12.4	—	—	—	4.0	41.8	16.9
外围	11.7	—	18.5	8.6	0.5	—	1.6	7.0	39.0	13.1
全市	9.4	5.7	13.1	11.2	0.3	0.7	1.2	7.5	37.4	13.5

儿童游戏场问题与公园有密切的关系。一般人认为即使设有公园，儿童仍爱在街旁嬉戏。为研究这种言论有无事实根据，得以上的统计。结果：（1）证实公园并不被多用，连放假日都如此。（2）在缺乏公园的中心区，儿童在公园消遣的比例上却比外围儿童还多。推究原因，可以明了主要原因是公园过大，相距甚远，不便于幼龄儿童。故设备邻近住宅的小块游戏场极为重要。（3）儿童在街上游玩的较他处并不占上风。（4）儿童在家中游玩多因住房过小而受限制。

表十二　花园情形表

围域	爱花园者			不爱花园者		
	好	平	劣	好	平	劣
	%	%	%	%	%	%
中心	33.4	44.6	22.0	—	24.2	75.8
内围	34.4	46.3	19.3	3.0	39.7	57.3
外围	44.5	43.4	12.1	9.7	29.1	61.2
全市	40.9	44.3	14.8	5.9	31.9	62.2

表十三　无花园者对于花园愿望表

围域	愿有花园者	不愿有花园者	无意见者
	%	%	%
中心	78.7	20.3	1.0
内围	75.3	22.1	2.6
外围	82.9	15.2	1.9
全市	78.1	20.3	1.6

统计证实住户对园圃之爱憎恰与事实上花园之受整治与否平行。但调查所访问的 7 023 家中，6 491 家表示要一个自己的花园。这表示这点在新建设上实不得不注意。

表十四　留住现住住宅之原因

原因	中心	内围	外围
	%	%	%
离丈夫（或主要生活维持人）工作地近	63.6	57.1	36.4
爱住近市中心	59.3	44.5	9.2

续表

原因	中心	内围	外围
	%	%	%
房租低	55.8	44.2	32.4
离朋友们近	38.1	36.2	26.0
喜欢这房子	35.1	50.9	61.3
若迁移恐须多出租金	30.3	36.5	26.8
另外找不着房子	24.2	28.4	35.4
憎恶迁移的麻烦和费用	21.2	30.0	27.8
是当地教堂、俱乐部或团体的会员	19.5	18.8	10.8
喜欢花园	18.6	39.4	49.9
其他原因	5.2	5.1	5.6
愿意不住在市中心	3.0	14.2	57.1
房子是自己的产业	1.7	7.5	16.6

表十五　愿意迁移之原因

原因	中心	内围	外围
	%	%	%
愿住较佳的房子	89.9	80.1	61.8
想要个花园	66.7	45.2	22.7
愿住一所新房子	47.3	58.9	51.0
愿离郊外或公园较近	45.7	54.1	16.0
愿离市中心较远	36.4	43.1	15.5
愿离丈夫（或主要生活维持人）工作地近	18.6	24.0	36.1
愿离朋友们较近	8.5	10.9	11.8
其他原因	8.5	24.6	24.7
愿离市中心较近	7.0	6.8	19.1
愿住在公寓里	5.4	2.0	2.6
现在租金太高	4.6	17.8	24.2

表十六　住户希望迁移与否百分比表

	中心	内围	外围	全市
	%	%	%	%
希望迁移的住户	55.8	39.1	27.8	36.0
不愿迁移的住户	44.2	60.9	72.2	64.0

就表十五所示，住户想要迁移的原因，住在市中心者约 90% 是要换所好一点的住宅，而只有约 19% 是要接近工作地点。外围住户则亦有约 62% 要较优的住处，而有约 36% 要接近工作地。各围的问题，由于这个方面的调查，又更为明晰。

（四）原则的提议及结论

波恩维尔研究组在他们详细调查分析统计伯明翰市的住宅问题以后论点约略如下：

他们用社会调查方式来研究住宅问题，就是承认"人的因素"的重要。他们不止问房子如何，他们所需要的是住户们如何生活的。同住处相关的问题是工作地点、生活状况，关系于这两个前提上。这个立刻将庞大的工业及其所需的大量人工与这些人工的一切生活，牵在一个问题以内。他们认为每个已发展的工业大城，今日必须选择决定它要再加扩展的政策，还是要节制展大趋向的计划。无论如何每市为解决工业及居民需要的展动与乡郊及邻镇都有密切的牵连，因此它是普遍的为全国乡区设计问题。故建议：

（1）宜设立负责的全国设计委员会作总的规定及计划。

地区的支配为设计的关键，如个人产业同公共福利的整体设计发生抵触时，当局必须有法律根据可以处置办理。政府如何酬偿私人牺牲出让的各种地区的细则，虽不在这研究的范围内，但应付地区分配的法律，则认为必须产生。故建议：

（2）支配地产为公共利益的使用，必须修改现有法则。

因伯市近三十年来所吞并的郊野已达极大面积，将建造地区展至极大限度，过此则市心与市郊距离将不能解决居住问题，反而产生严重不便，加甚市区的不健康。故建议：

（3）限制再展市境，保留"绿带"郊区。

因伯市"中心"房屋人口双重密度之高，地区有限而重工业又不能移动，工厂与工人住处两面都需要隙地，而双方寸步不能开展。建议：

（4）（a）创立"附庸新镇"（Satellite towns）。伯市工业种类极多，有可移与不可移性质的分别。选择其可移的数种配合成小组迁至"附庸新镇"，以减轻中心压力腾出隙地。这种新镇距市边境 20 英里至 30 英里为最便。以特别快车联络，则在时间上可在半小时以内到达市区。

（b）在拥挤地带创立"集合工厂大厦"（"Flatted" Factories）。伯市有一万二千家轻工业，每厂只需百余工人。将这些集中于五六层楼工业大厦中，虽不能减轻人口密度，但可以救济地区的拥挤，增出空场集中公共卫生及福利设备（见前图二）。

（c）必须留在旧地的著名重工业工厂近旁所腾出的隙地重新做近代分配。

（d）与重工业工厂相连，必须留在中心的住户，宜用近代数层公寓大厦，借立体扩展来补地区的不足。以近代的设备，改善住屋的供应且节省面积以留出合理的空场，如今日已建在 Emily street 的公寓及 mansonette 集体小住宅和 Terrace House 等。

为使必须拆除的旧屋与新造新屋之间和缓经常的进展，建议：

（5）规定寻常住宅年数的限制。

伯市中心街道之不合用已不可讳认，如果对地区之分配使用，政府有正当权限，直通的交通干道与林荫大道都必须经营。建议：

（6）建造林荫大道，在最近可能时间内以补公园之不足。

鉴于近来所建新村缺乏公共生活兴趣的中心，住户之间失却当时集居睦邻情感的自然表现，新村住宅竟变成一种宿舍，无村镇家园的意义，故建议：

（7）市府应协助鼓励社交福利中心的设立，如有幼稚园、卫生处、图书馆及小礼堂的集中建筑物，以便社交生活的产生及共同兴趣的增进。

结论　由于各种实况的调查，研究组先得了三个结论：

（1）如果不先作全市的统筹计划，并且如果对"地区的应用"没有法律来制裁和决定其适当分配时，局部的改善影响了全市系统的失败。

（2）每个问题的解决，在市政调整的程序中，都借力于多方面关联的许多因素。所以住宅整体的改善，任何个别单面的处置都不能圆满胜任。

（3）一切提议仍只是原则上纲领，细项改善须在实行时逐步解决，与环境调整。

（五）参考提示

1. 上项资料是关于一个已经过度发展的工业城里的住宅问题。经类似"社会调查"的方法，将一切居住情况作出统计。

我们所得到的是经各时代发展而造成的拥挤情况及拥挤原因。

2. 这调查的价值就在于实况报告可以指示具体解决途径，避免纯粹的理论改善原则。

这实况报告目的即在于改善，故供给各方面的确实数字，而同时暴露任何变动在实际上的困难。指出许多"调整"陷于事实上的矛盾，提倡不得已的解决方式，牵涉到迁移一部分工作中心的办法。因住的环境的优美条件显而易见，故他们不惜费时再加以讨论。

这里许多数字都是指出住的条件与工作的连带关系。第一重要的是住与工作的距离：地区上的距离，借交通工具在时间上的距离，因交通工具每个工作人员每日车费的负担，以及实住与工作脱节的危机。

在理论上所应有的良好配置，今日大半因交错的既成事实之存在，难于实施，故今后彻底的改善，必须由全市统筹的计划入手。一方面用和缓分期拆移的程序，达到计划上的分配；一方面迅速开辟新工作中心，以产生新的居住区域，逐渐疏散现存市民的密度，亦即消除贫民窟的最基本步骤。

3. 以伯市工业之盛，经济力量之雄厚，一世纪来竟无法消除拥挤及不卫生的贫民居宅区，这个事实应使我们惊讶警惕，它的原因我们应加以认识。

这调查团的结论是，以往的错误由于过分限于局部改善，改善的各种条件，因已限定的情况，竟成互相抵触的因素。如接近工作时间经济的地区，可能即成为围绕工作中心过于拥挤的地区，缺少空地林木，不合卫生的区域。如在交通上加以便利，可能因添设支线而加增复杂情形及居民负担。如发展工作厂地，使不超过现代化的合理密度，必须增加工业地区的面积，这又等于进迫本已有限的工人居住面积，更使其拥挤。如无限制地仅是使居宅向外扩展，则最外围地住宅与中心的工作距离愈增，交通与时间的经济便又成问题。故今后必须大规模地全盘筹划，加辟新中心，乃至于将工业的一部移出旧有已过密的中心。

经济不允许我国蹈他们的覆辙。我们今后救济住宅房荒，绝不宜在市中区增设不已，以求目前及局部的救济。在旧市左近必须开辟新的、疏离的、若干工作的中心，各中心间设置交通干线。

4. 因私人地产权利之足以妨碍全市计划上合规的地区分配，这调查会认为最基本的改善需先增加政府对地区使用之法律上权限。这一点颇为重要。中国郊区多为耕地，市区内房屋简陋者居多，工业尚未正式开展。开辟新区，重划旧区及拆建移建均较简便，主要点在于地主之公益观念及政府的地区使用权的规定。

我们一切正在开始，宜早研究拟定出计划，逐步推进，不宜失却机会。

美丽的伯明翰

《中国营造学社汇刊》第七卷二期　编辑后语①

　　刘敦桢先生原定作《川康之汉阙》一文，因事未及完稿，本期改刊《云南之塔幢》。文中插图由梁思成、莫宗江两先生绘制。

　　关于国内之清真寺建筑，本社多年以来均予以特殊注意；但本刊以往则向未刊载。刘致平先生将其近年来搜集资料及研究所得，初次编撰，兹在本期发表。各地清真寺仍将陆续研究。

　　莫宗江先生所述榆次永寿寺宋大中祥符元年建之雨华宫，在本社所知国内现存古代木构中，年代居第四位。殿身虽非宏大，而结构精简，有特殊艺术价值。"七七"前夕，曾由莫先生实测，兹特制图分析，详为介绍。

　　本社社员美国费慰梅女士（Wilma Falrbank），为哈佛教授费正清博士（Dr. John K. Fairbank）之夫人，好绘艺，战时在美国务院主持对华文化联络事业，现任美国驻华大使馆文化联络专员。夫人曾留华多年，战前屡访古河朔。曾依武氏祠画像各石图案，归复祠屋原状，为关于武氏祠建筑研究之重要贡献。原文刊载一九四一年三月《哈佛亚洲研究集刊》(Harrard Journal of Asiatic Studies)

----

　　① 本文原载《中国营造学社汇刊》第七卷二期，题目："编辑后语"，未署名。那是"汇刊"最后一期，由林徽因主编。——曹汛注

第六卷第一期。兹由王世襄先生译为中文，经林徽因先生校对，转载本刊。

战后复原时期，房屋将为民生问题中重要问题之一。兹由林徽因先生汇集英美最近实验建置若干种，分析介绍于本刊。

《中国建筑之两部"文法课文"》乃梁思成先生为同济大学三十六周年纪念《工学院特刊》所作，兹加制插图转载于此。

本社每年举办之桂辛奖学金图案竞赛，成绩均佳。兹将三十三年度"农场"中选图案，附刊本期汇刊，以资纪念与鼓励。

梁思成先生原拟作《中国古画中之建筑与家具》一文，因赴渝参加教育部战区文物保存委员会工作，未能属稿，本期不及刊载。

本期页次，因来稿与印刷时间参差关系，致未能顺次赓续排列，页数均每文各自编排，读者阅时不便，尚希原谅。

谈北京的几个文物建筑[①]

　　北京是中国——乃至全世界——文物建筑最多的城市。城中极多的建筑物或是充满了历史意义，或具有高度艺术价值。现在全国人民都热爱自己的首都，而这些文物建筑又是这首都可爱的内容之一，人人对它们有浓厚的兴趣，渴望多认识多了解它们，自是意中的事。

　　北京的文物建筑实在是太多了，其中许多著名而已为一般人所熟悉的，这里不谈；现在笔者仅就一些著名而比较不受人注意的，和平时不著名而有特殊历史和艺术价值的提出来介绍，以引起人们对首都许多文物更大的兴趣。

　　还有一个事实值得我们注意的，笔者也要在此附笔告诉大家，那就是：丰富的北京历代文物建筑竟是从来没有经过专家或学术团体做过有系统的全面调查研究；现在北京的文物还如同荒山丛林一样等待我们去开发。关于许许多多文物建筑和园林名胜的历史沿革、实测图说和照片、模型等可靠资料都极端缺乏。

---

　　① 本文原载《新观察》第三卷 2 期 1951 年 8 月，署名：林徽因。——曹汛注

在这种调查研究工作还不能有效地展开之前，我们所能知道的北京资料是极端散漫而不足的，笔者不但限于资料，也还限于自己知识的不足，所以所能介绍的文物仅是一鳞半爪，希望抛砖引玉，藉此促进熟悉北京的许多人们将他们所知道的也写出来——大家来互相补充彼此对北京的认识。

天安门前广场和千步廊的制度

北京的天安门广场，这个现在中国人民最重要的广场，在前此数百年中，主要只供封建帝王一年一度祭天时出入之用。一九一九年"五四"运动爆发，中国人民革命由这里开始，这才使这广场成了政治斗争中人民集中的地点。到了三十年后的十月一日，中国人民伟大英明的领袖毛泽东主席在天安门城楼上向全世界昭告中华人民共和国的成立，这个广场才成了我们首都最富于意义的地点。天安门已象征着我们中华人民共和国，成为国徽中主题，在五星下放出照耀全世界的光芒，更是全国人民所热爱的标志，永在人们眼前和心中了。

这样人人所熟悉，人人所尊敬热爱的天安门广场本来无须再来介绍，但当我们提到它体型风格这方面和它形成的来历时，还有一些我们可以亲切地谈谈的。我们叙述它的过去，也可以讨论它的将来各种增建修整的方向。

这个广场的平面是作"丁"字形的。"丁"字横画中间，北面就是那楼台峋峙规模宏壮的天安门。楼是一横列九开间的大殿，上面是两层檐的黄琉璃瓦顶，檐下丹楹藻绘，这是典型的、秀丽而兼严肃的中国大建筑物的体型。上层瓦坡是用所谓"歇山造"

的格式。这就是说它左右两面的瓦坡,上半截用垂直的"悬山",下半截才用斜坡,和前后的瓦坡在斜脊处汇合。这个做法同太和殿的前后左右四个斜坡的"庑殿顶",或称"四阿顶"是不相同的。"庑殿顶"气魄较雄宏,"歇山顶"则较挺秀,姿势错落有致些。天安门楼台本身壮硕高大,朴实无华,中间五洞门,本有金钉朱门,近年来常年洞开,通入宫城内端门的前庭。

广场"丁"字横画的左右两端有两座砖筑的东西长安门。每座有三个券门,所以通常人们称它们为"东西三座门"。这两座建筑物是明初遗物。体型比例甚美,材质也朴实简单。明的遗物中常有纯用砖筑,饰以着色琉璃砖瓦较永远性的建筑物,这两门也就是北京明代文物中极可宝贵的。它们的体型在世界古典建筑中也应有它们的艺术地位。这两门同"丁"字直画末端中华门(也是明建的)鼎足而三,是广场的三个入口,也是天安门的两个掖卫与前哨,形成"丁"字各端头上的重点。

全场周围绕着覆着黄瓦的红墙,铺着白石的板道。此外横亘广场的北端的御河上还有五道白石桥和它们上面雕刻的栏杆,桥前有一双白石狮子,一对高达八米的盘龙白石华表。这些很简单的点缀物,便构成了这样一个伟大的地方。全场的配色限制在红色的壁画,黄色的琉璃瓦,带米白色的石刻和沿墙一些树木。这样以纯红、纯黄、纯白的简单的基本颜色来衬托北京蔚蓝的天空,恰恰给人以无可比拟的庄严印象。

中华门以内沿着东西墙,本来有两排长廊,约略同午门前的廊子相似,但长得多。这两排廊子正式的名称叫作"千步廊",是皇宫前很美丽整肃的一种附属建筑。这两列千步廊在庚子年毁于侵略军八国联军之手,后来重修的,工程恶劣,已于民国初年拆掉，所以只余现在的两道墙。如果条件成熟，将来我们整理广场东西两面建筑之时，或者还可以恢复千步廊，增建美好的两条长长的画廊，以供人民游息。廊屋内中便可布置有文化教育意义的短期变换的展览。

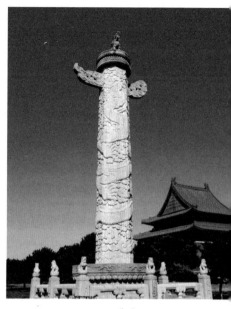

华表

这所谓千步廊是怎样产生的呢？谈起来，它的来历与发展是很有意思的。它的确是街市建设一种较晚的格式与制度，起先它是宫城同街市之间的点缀，一种小型的"绿色区"。金、元之后才被统治者拦入皇宫这一边，成为宫前禁地的一部分，而把人民拒于这区域之外。

据我们所知道的汉、唐的两京，长安和洛阳，都没有这千步廊的形制。但是至少在唐末与五代城市中商业性质的市廊却是很发展的。长列廊屋既便于存贮来往货物，前檐又可以遮蔽风雨以便行人，购售的活动便都可以得到方便。商业性质的廊屋的发展是可以理解的，它的普遍应用是由于实际作用而来。至今地名以廊为名而表示商区性质的如南京的估衣廊等等是很多的。实际上以廊为一列店肆的习惯，则在今天各县城中还可以到处看到。

当汴梁（今开封）还不是北宋的首都以前，因为隋开运河，汴河为其中流，汴梁已成了南北东西交通重要的枢纽，为一个商业繁盛的城市。南方的"粮斛百货"都经由运河入汴，可达到洛阳和长安。所以是"自江淮达于河洛，舟车辐辏"而被称为雄郡。城的中心本是节度使的郡署，到了五代的梁朝将汴梁改为陪

149

都，才创了宫殿。但这不是我们的要点，汴梁最主要的特点是有四条水道穿城而过，它的上边有许多壮美的桥梁，大的水道汴河上就有十三道桥，其次蔡河上也有十一道，所以那里又产生了所谓"河街桥市"的特殊布局。商业常集中在桥头一带。

上边说的汴州郡署的前门是正对着汴河上一道最大的桥，俗称"州桥"的。它的桥市当然也最大，郡署前街两列的廊子可能就是这种桥市。到北宋以汴梁为国都时，这一段路被称为"御街"，而两边廊屋也就随着被称为御廊，禁止人民使用了。据《东京梦华录》记载：宫门宣德门南面御街约阔三百余步，两边是御廊，本许市人买卖其间，自宋徽宗政和年号之后，官司才禁止的。并安立黑漆栅子在它前面，安朱漆栅子两行在路心，中心道不得人马通行。行人都拦在朱栅子以外，栅内有砖石砌御沟水两道，尽植莲荷，近岸植桃李梨杏杂花，"春夏之月望之如绣"。商业性质的市廊变成"御廊"的经过，在这里便都说出来了。由全市环境的方面看来，这样地改变嘈杂商业区域成为一种约略如广场的修整美丽的风景中心，不能不算是一种市政上的改善。且人民还可以在朱栅子外任意行走，所谓御街也还不是完全的禁地。到了元宵灯节，那里更是热闹，成为大家看灯娱乐的地方。宫门宣德楼前的"御街"和"御廊"对着汴河上大洲桥显然是宋东京部署上一个特色。此后历史上事实证明这样一种壮美的部署被金、元抄袭，用在北京，而由明清保持下来成为定制。

金人是文化水平远比汉族落后的游牧民族，当时以武力攻败北宋懦弱无能的皇室后，金朝的统治者便很快地要摹仿宋朝的文物制度，享受中原劳动人民所累积起来的工艺美术的精华，尤其是在建筑方面。金朝是由一一四九年起开始他们建筑的活动，迁都到了燕京，称为中都，就是今天北京的前身，在宣武门以西越出广安门之地，所谓"按图兴修宫殿"，"规模宏大"，制度"取法汴京"就都是慕北宋的文物，蓄意要接受它的宝贵遗产与传统的具体表现。"千步廊"也就是他们所爱慕的一种建筑传统。

金的中都自内城南面天津桥以北的宣阳门起，到宫门的应天楼，东西各有廊二百余间，中间驰道宏阔，两旁植柳。当时南宋的统治者曾不断遣使到"金庭"来，看到金的"规制堂皇，仪卫华整"写下不少深刻的印象。他们虽然曾用优越的口气说金的建筑殿阁崛起不合制度，但也不得不承认这些建筑"工巧无遗力"。其实那一切都是我们民族的优秀劳动人民勤劳的创造，是他们以生命与血汗换来的，真正的工作是由于"役民楢八十万，兵楢四十万"并且是"作治数年，死者不可胜计"的牺牲下做成的。当时美好的建筑都是劳动人民的果实，却被统治者所独占。北宋时代商业性的市廊改为御廊之后，还是市与宫之间的建筑，人民还可以来往其间。到了金朝，特意在宫城前东西各建二百余间，分三节，每节有一门，东向太庙，西向尚书省，北面东西转折又各有廊百余间，这样的规模，已是宫前门禁森严之地，不再是老百姓所能够在其中走动享受的地方了。

到了元的大都记载上正式地说，南门内有千步廊，可七百步，建棂星门，门内二十步许有河，河上建桥三座名周桥。汴梁时的御廊和州桥，这时才固定地称作"千步廊"和"周桥"，成为宫前的一种格式和定制，将它们从人民手中掳夺过去，附属于皇宫方面。

明清两代继续用千步廊作为宫前的附属建筑。不但午门前有千步廊一直到了端门，端门前东西还有千步廊两节，中间开门，通社稷坛和太庙。当一四一九年将北京城向南展拓，南面城墙由现在长安街一线南移到现在的正阳门一线上，端门之前又有天安门，它的前面才再产生规模更大而开展的两列千步廊到了中华门。这个宫前广庭的气魄更超过了宋东京的御街。

这样规模的形制当然是宫前一种壮观，但是没有经济条件是建造不起来的，所以终南宋之世，它的首都临安的宫前再没有力量继续这个美丽的传统，而只能以细沙铺成一条御路。而御廊格式反是由金、元两代传至明、清的，且给了"千步廊"这个名称。

我们日后是可能有足够条件和力量来考虑恢复并发展我们传统中所有美好的体型的。广场的两旁也是可以建造很美丽的长廊的。当这种建筑环境不被统治者所独占时，它便是市中最可爱的建筑型类之一，有益于人民的精神生活。正如层塔的峋峙，长廊的周绕也是最代表中国建筑特征的体型。用于各种建筑物之间，它是既有实用，而又美丽的。

团城——古代台的实例

北海琼华岛是今日北京城的基础，在元建都以前那里是金的离宫，而元代将它作为宫城的中心，称作万寿山。北海和中海为太液池。团城是其中又特殊又重要的一部分。

元的皇宫原有三部分，除正中的"大内"外，还有兴圣宫在万寿山之正西，即今北京图书馆一带。兴圣宫之前还有隆福宫。团城在当时称为"瀛洲圆殿"，也叫仪天殿，在池中一个圆坻上。换句话说，它是一个岛，在北海与中海之间。岛的北面一桥通琼华岛（今天仍然如此），东面一桥同当时的"大内"相连，西面是

北海团城

木桥，长四百七十尺，通兴圣宫，中间辟一段，立柱架梁在两条船上才将两端连接起来，所以称吊桥。当皇帝去上都（察哈尔省多伦附近）时，留守官则移舟断桥，以禁往来。明以后这桥已为美丽的石造的金鳌玉桥所代替，而团城东边已与东岸相连，成为今日北海公园门前三座门一带地方。所以团城本是北京城内最特殊、最秀丽的一个地点。现今的委屈地位使人不易感觉到它所曾处过的中心地位。在我们今后改善道路系统时是必须加以注意的。

团城之西，今日的金鳌玉桥是一条美丽的石桥，正对团城，两头各立一牌楼，桥身宽度不大，横跨北海与中海之间，玲珑如画，还保有当时这地方的气氛。但团城以东，北海公园的前门与三座门间，曲折迫隘，必须加宽，给团城更好的布置，才能恢复它周围应有的衬托。到了条件更好的时候，北海公园的前门与围墙，根本可以拆除，团城与琼华岛间的原来关系，将得以更好地呈现出来。过了三座门，转北转东，到了三座门大街的路旁，北

153

面微小庞杂的小店面和南面的筒子河太不相称；转南至北长街北头的路东也有小型房子阻挡风景，尤其没有道理，今后一一都应加以改善。尤其重要的，金鳌玉蝀桥虽美，它是东西城间重要交通孔道之一，桥身宽度不足以适应现代运输工具的需要条件，将来必须在桥南适当地点加一道横堤来担任车辆通行的任务，保留桥本身为行人缓步之用。堤的形式绝不能同桥梁重复，以削弱金鳌玉蝀桥驾凌湖心之感，所以必须低平和河岸略同。将来由桥上俯瞰堤面的"车马如织"，由堤上仰望桥上行人则"有如神仙中人"，也是一种奇景。我相信很多办法都可以考虑周密计划得出来的。

此外，现在团城的格式也值得我们注意。台本是中国古代建筑中极普通的类型。从周文王的灵台和春秋秦汉的许多的台，可

金鳌玉蝀桥的石狮子

以知道它在古代建筑中是常有的一种，而在后代就越来越少了。古代的台大多是封建统治阶级登临游宴的地方，上面多有殿堂廊庑楼阁之类，曹操的铜雀台就是杰出的一例。据作者所知，现今团城已是这种建筑遗制的唯一实例，故极可珍贵。现在上面的承光殿代替了元朝的仪天殿，是一六九〇年所重建。殿内著名的玉佛也是清代的雕刻。殿前大玉瓮则是元世祖忽必烈"特诏雕造"，本来是琼华岛上广寒殿的"寿山大玉海"，殿毁后失而复得，才移此安置。这个小台是同琼华岛上的大台遥遥相对。它们的关系是很密切的，所以在下文中我们还要将琼华岛一起谈到的。

北海琼华岛白塔的前身

北海的白塔是北京最挺秀的突出点之一，为人人所常能望见的。这塔的式样属于西藏化的印度窣堵坡。元以后北方多建造这种式样。我们现在要谈的重点不是塔而是它的富于历史意义的地址。它同奠定北京城址的关系最大。

本来琼华岛上是一高台，上面建着大殿，还是一种古代台的形制。相传是辽萧太后所居，称"妆台"。换句话说，就是在辽的时代还保持着的唐的传统。金朝将就这个卓越的基础和北海中海的天然湖沼风景，在此建筑有名的离宫——大宁宫。元世祖攻入燕京时破坏城区，而注意到这个美丽的地方，便住这里大台之上的殿中。

到了元筑大都，便依据这个宫苑为核心而设计的。就是上文中所谈到的那鼎足而立的三个宫，所谓"大内"、兴圣宫和隆福宫，以北海中海的湖沼（称太液池）做这三处的中心，而又以大

155

内为全个都城的核心。忽必烈不久就命令重建岛上大殿，名为广寒殿。上面绿荫清泉，为避暑胜地。马可·波罗（意大利人）在那时到了中国，得以见到，在他的游记中曾详尽地叙述这清幽伟丽奇异的宫苑台殿，说有各处移植的奇树，殿亦作翠绿色，夏日一片清凉。

　　明灭元之后，曾都南京，命大臣来到北京毁元旧都。有萧洵其人随着这个"破坏使团"而来，他遍查元故宫，心里不免爱惜这样美丽的建筑精华，要遭到无情的破坏，所以一切他都记在他所著的《元故宫遗录》中。

　　据另一记载（《日下旧闻考》引《太岳集》），明成祖曾命勿毁广寒殿。到了万历七年（一五七九年）五月"忽自倾圮，梁上有

北海白塔

至元通宝的金钱等"。其实那时据说瓦甓已坏，只存梁架，木料早已腐朽，危在旦夕，当然容易忽自倾圮了。

现在的白塔是清初一六五一年——广寒殿倾圮后七十三年，在殿的旧址上建立的。距今又整整三百年了。知道了这一些发展过程，当我们遥望白塔在朝阳夕照之中时，心中也有了中国悠久历史的丰富感觉，更珍视各朝代中人民血汗所造成的种种成绩。所不同的是当时都是被帝王所占有的奢侈建设，当他们对它厌倦时又任其毁去，而从今以后，一切美好的艺术果实就都属于人民自己，而我们必尽我们的力量，永远加以保护。

我们的首都①

中山堂

我们的首都是这样多方面的伟大和可爱，每次我们都可以从不同的事物来介绍和说明它，来了解和认识它。我们的首都是一个最富于文物建筑的名城，从文物建筑来介绍它，可以更深刻地感到它的伟大与罕贵。下面这个镜头就是我要在这里首先介绍的一个对象。

它是中山公园内的中山堂。你可能已在这里开过会，或因游览中山公园而认识了它；你也可能是没有来过首都而希望来的人，愿意对北京有个初步的了解。让我来介绍一下吧，这是一个愉快的任务。

这个殿堂的确不是一个寻常的建筑物，就是在这个满是文物建筑的北京城里，它也是极其罕贵的一个。因为它是这个古老的城中最老的一座木构大殿，它的年龄已有五百三十岁了。它是十五世纪二十年代的建筑，是明朝永乐由南京重回北京建都时所造的

---

① 本文中的 11 篇章节依次连载于《新观察》1952 年第 1 ~ 11 期，1952 年 1 ~ 6 月；署名：林徽因。——曹汛注

许多建筑物之一，也是明初工艺最旺盛的时代里，我们可尊敬的无名工匠们所创造的、保存到今天的一个实物。

这个殿堂过去不是帝王的宫殿，也不是佛寺的经堂，它是执行中国最原始宗教中祭祀仪节而设的坛庙中的"享殿"。中山公园过去是"社稷坛"，就是祭土地和五谷之神的地方。

凡是坛庙都用柏树林围绕，所以环境优美，成为现代公园的极好基础。社稷坛全部包括中央一广场，场内一方坛，场四面有短墙和棂星门；短墙之外，三面为神道，北面为享殿和寝殿；它们的外围又有红围墙和美丽的券洞门。正南有井亭，外围古柏参天。

中山堂

中山堂的外表是个典型的大殿。白石镶嵌的台基和三道石阶，朱漆合抱的并列立柱，精致的门窗，青绿彩画的阑额，由于综错木材所组成的"斗拱"和檐椽等所造成的建筑装饰，加上黄琉璃瓦巍然耸起，微曲的坡顶，都可说是典型的，但也正是完整而美好的结构。它比例的稳重，尺度的恰当，也恰如它的作用和它的环境所需要的。它的内部不用天花顶棚，而将梁架斗拱结构全部外露，即所谓"露明造"的格式。我们仰头望去，就可以看见每一块结构的构材处理得有如装饰画那样美丽，同时又组成了巧妙的图案。当然，传统的青绿彩绘也更使它灿烂而华贵，但是明初遗物的特征是木材的优良（每柱必是整料，且以楠木为主）和匠工砍削榫卯的准确，这些都不是在外表上显著之点，而是属于它内在的品质的。

中国劳动人民所创造的这样一座优美的、雄伟的建筑物，过去只供封建帝王愚民之用，现在回到了人民的手里，它的效能，充分地被人民使用了。一九四九年八月，北京市第一届人民代表会议，就是在这里召开的。两年多来，这里开过各种会议百余次。这大殿是多么恰当地用作各种工作会议和报告的大礼堂！而更巧的是同社稷坛遥遥相对的太庙，也已用作首都劳动人民文化宫了。

北京市劳动人民文化宫

北京市劳动人民文化宫是首都人民所熟悉的地方。它在天安门的左侧，同天安门右侧的中山公园正相对称。它所占的面积很大，南面和天安门在一条线上，北面背临着紫禁城前的护城河，西面由故宫前的东千步廊起，东面到故宫的东墙根止，东西宽度

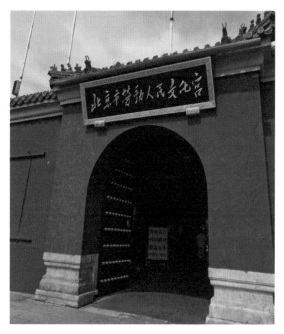

北京市劳动人民文化宫

恰是紫禁城的一半。这里是四百零八年以前（明嘉靖二十三年，一五四四年）劳动人民所辛苦建造起来的一所规模宏大的庙宇。它主要是由三座大殿、三进庭院所组成；此外，环绕着它的四周的，是一片蓊郁古劲的柏树林。

这里过去称作"太庙"，只是沉寂地供着一些死人牌位和一年举行几次皇族的祭祖大典的地方。一九五〇年国际劳动节，这里的大门上挂上了毛主席亲笔题的匾额——"北京市劳动人民文化宫"，它便活跃起来了。在这里面所进行的各种文化娱乐活动经常受到首都劳动人民的热烈欢迎，以至于这里林荫下的庭院和大殿里经常挤满了人，假日和举行各种展览的时候，等待入门的行列有时一直排到天安门前。

在这里，各种文化娱乐活动是在一个特别美丽的环境中进行的。这个环境的特点有二：

一、它是故宫中工料特殊精美而在四百多年中又丝毫未被伤毁的一个完整的建筑组群。

二、它的平面布局是在祖国的建筑体系中，在处理空间的方法上最卓越的例子之一。不但是它的内部布局爽朗而紧凑，在虚实起伏之间，构成一个整体，并且它还是故宫体系总布局的一个组成部分，同天安门、端门和午门有一定的关系。如果我们从高处下瞰，就可以看出文化宫是以一个广庭为核心，四面建筑物环抱，北面是建筑的重点。这不单是一座单独的殿堂，而是前后三殿，中殿与后殿都各有它的两厢配殿和前院；前殿特别雄大，有两重屋檐，三层石基，左右两厢是很长的廊庑，像两臂伸出抱拢着前面广庭。南面的建筑很简单，就是入口的大门。在这全组建筑物之外，环绕着两重有琉璃瓦饰的红墙；两圈红墙之间，是一周苍翠的老柏树林。南面的树林是特别大的一片，造成浓荫，和北头建筑物的重点恰相呼应。它们所留出的主要空间就是那个可容万人以上的广庭，配合着两面的廊子。这样的一种空间处理，是非常适合于户外的集体活动的。这也是我们祖国建筑的优良传统之一。这种布局与中山公园中社稷坛部分完全不同，但在比重上又恰是对称的。如果说社稷坛是一个四条神道由中心向外展开的坛（仅在北面有两座不高的殿堂），文化宫则是一个由四面殿堂廊屋围拢来的庙。这两组建筑物以端门前庭为锁钥，和午门、天安门是有机地联系着的。在文化宫里，如果我们由下往上看，不但可以看到北面重檐的正殿巍然而起，并且可以看到午门上的五凤楼一角正成了它的西北面背景，早晚云霞，金瓦楯飞，气魄的雄伟，给人极深刻的印象。

故宫三大殿

　　北京城里的故宫中间，巍然崛起的三座大宫殿是整个故宫的重点，"紫禁城"内建筑的核心。以整个故宫来说，那样庄严宏伟的气魄；那样富于组织性，又富于图画美的体形风格；那样处理空间的艺术；那样的工程技术，外表轮廓，和平面布局之间的统一的整体，无可否认的，它是全世界建筑艺术的绝品，它是一组伟大的建筑杰作，它也是人类劳动创造史中放出异彩的奇迹之一。我们有充足的理由，为我们这"世界第一"而骄傲。

　　三大殿的前面有两段作为序幕的布局，是值得注意的。第一段，由天安门，经端门到午门，两旁长列的"千步廊"是个严肃的开端。第二段在午门与太和门之间的小广场，更是一个美丽的前奏。这里一道弧形的金水河，和河上五道白石桥，在黄瓦红墙的气氛中，北望太和门的雄劲，这个环境适当地给三殿做了心理准备。

故宫的内金水河

太和、中和、保和三座殿是前后排列着同立在一个庞大而崇高的工字形白石殿基上面的。这种台基过去称"殿陛"，共高二丈，分三层，每层有刻石栏杆围绕，台上列铜鼎等。台前石阶三列，左右各一列，路上都有雕镂隐起的龙凤花纹。这样大尺度的一组建筑物，是用更宏大尺度的庭院围绕起来的。广庭气魄之大是无法形容的。庭院四周有廊屋，太和与保和两殿的左右还有对称的楼阁和翼门，四角有小角楼。这样的布局是我国特有的传统，常见于美丽的唐宋壁画中。

　　三殿中，太和殿最大，也是全国最大的一个木构大殿。横阔十一间，进深五间，外有廊柱一列，全个殿内外立着八十四根大柱。殿顶是重檐的"庑殿式"，瓦顶全部用黄色的琉璃瓦，光泽灿烂，同蓝色天空相辉映。底下彩画的横额和斗拱、朱漆柱、金

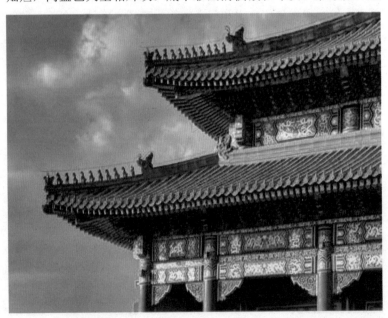

"庑殿式"殿顶

琐窗，同白石阶基也作了强烈的对比。这个殿建于康熙三十六年（一六九七年），已有三百五十五岁，而结构整严完好如初。内部渗金盘龙柱和上部梁枋藻井上的彩画虽剥落，但仍然华美动人。

中和殿在工字基台的中心，平面为正方形，宋元工字殿当中的"柱廊"竟蜕变而成了今天的亭子形的方殿。屋顶是单檐"攒尖顶"，上端用渗金圆顶为结束。此殿是清初顺治三年的原物，比太和殿又早五十余年。

保和殿立在工字形殿基的北端，东西阔九间，每间尺度又都小于太和殿，上面是"歇山式"殿顶，它是明万历的"建极殿"原物，未经破坏或重修的。至今上面柱上还留有"建极殿"标识。它是三殿中年寿最老的，已有三百三十七年的历史。

三大殿中的两殿，一前一后，中间夹着略为低小的单位所造

"歇山式"殿顶

成的格局，是它美妙的特点。要用文字形容三殿是不可能的，而同时因环境之大，摄影镜头很难把握这三殿全部的雄姿。深刻的印象，必须亲自进到那动人的环境中，才能体会得到。

北海公园

在二百多万人口的城市中，尤其是在布局谨严、街道引直、建筑物主要都左右对称的北京城中，会有像北海这样一处水阔天空，风景如画的环境，据在城市的心脏地带，实在令人料想不到，使人惊喜。初次走过横亘在北海和中海之间的金鳌玉桥的时候，望见隔水的景物，真像一幅画面，给人的印象尤为深刻。耸立在水心的琼华岛，山巅白塔，林间楼台，受晨光或夕阳的渲染，景象非凡特殊，湖岸石桥上的游人或水面小船，处处也都像在画中。池沼园林是近代城市的肺腑，藉以调节气候，美化环境，休息精神；北海风景区对全市人民的健康所起的作用是无法衡量的。北

北海公园

海在艺术和历史方面的价值都是很突出的，但更可贵的还是在它今天回到了人民手里，成为人民的公园。

我们重视北海的历史，因为它也就是北京城历史重要的一段。它是今天的北京城的发源地。远在辽代（十一世纪初），琼华岛的地址就是一个著名的台，传说是"萧太后台"；到了金朝（十二世纪中），统治者在这里奢侈地为自己建造郊外离宫：凿大池，改台为岛，移北宋名石筑山，山巅建美丽的大殿。元忽必烈攻破中都，曾住在这里。元建都时，废中都旧城，选择了这离宫地址作为其新城，大都皇宫的核心，称北海和中海为太液池。元的三个宫分立在两岸，水中前有"瀛洲圆殿"，就是今天的团城，北面有桥通"万岁山"，就是今天的琼华岛。岛立太液池中，气势雄壮，山巅广寒殿居高临下，可以远望西山，俯瞰全城，是忽必烈的主要宫殿，也是全城最突出的重点。明毁元三宫，建造今天的故宫以后，北海和中海的地位便不同了，也不那样重要了。统治者把两海改为游宴的庭园，称作"内苑"。广寒殿废而不用，明万历时坍塌。

北海公园的九龙壁

167

清初开辟南海，增修许多庭园建筑，北海北岸和东岸都有个别幽静的单位。北海面貌最显著的改变是在一六五一年，琼华岛广寒殿旧址上，建造了今天所见的西藏式白塔。岛正南半山殿堂也改为佛寺，由石阶直升上去，遥对团城。这个景象到今天已保持整整三百年了。

北海布局的艺术手法是继承宫苑创造幻想仙境的传统，所以它以琼华岛仙山楼阁的姿态为主：上面是台殿亭馆；中间有岩洞石室；北面游廊环抱，廊外有白石栏楯，长达三百米；中间漪澜堂，上起轩楼为远帆楼，和北岸的五龙亭隔水遥望，互见缥缈，是本着想像的仙山景物而安排的。湖心本植莲花，其间有画舫来去。北岸佛寺之外，还作小西天，又受有佛教画的影响。其他如桥亭堤岸，多少是模拟山水画意。北海的布局是有着丰富的艺术传统的。它的曲折有趣、多变化的景物，也就是它最得游人喜爱的因素。同时更因为它的水面宏阔，林岸较深，尺度大，气魄大，最适合于现代青年假期中的一切活动：划船、滑冰、登高远眺，北海都有最好的条件。

天坛

天坛在北京外城正中线的东边，占地差不多四千亩，围绕着有两重红色围墙。墙内茂密参天的老柏树，远望是一片苍郁的绿荫。由这树林中高高耸出深蓝色伞形的琉璃瓦顶，它是三重檐子的圆形大殿的上部，尖端上闪耀着涂金宝顶。这是祖国一个特殊的建筑物，世界闻名的天坛祈年殿。由南方到北京来的火车，进入北京城后，车上的人都可以从车窗中见到这个景物。它是许多人对北京文物建筑最先的一个印象。

　　天坛是过去封建主每年祭天和祈祷丰年的地方，是封建的愚民政策和迷信的产物；但它也是过去辛勤的劳动人民用血汗和智慧所创造出来的一种特殊美丽的建筑类型，今天有着无比的艺术和历史价值。

　　天坛的全部建筑分成简单的两组，安置在平舒开朗的环境中，外周用深深的树林围护着。南面一组主要是祭天的大坛，称作"圜丘"，各一座不大的圆殿，称"皇穹宇"。北面一组就是祈年殿和它的后殿——皇乾殿、东西配殿和前面的祈年门。这两组相距约六百米，有一条白石大道相连。两组之外，重要的附属建筑只有向东的"齐宫"一处。外面两周的围墙，在平面上南边一半是方的，北边一半是半圆形的。这是根据古代"天圆地方"的说法而建筑的。

　　圜丘是祭天的大坛，平面正圆，全部白石砌成；分三层，高约一丈六尺；最上一层直径九丈，中层十五丈，底层二十一丈。每层

圜丘

有石栏杆绕着，三层栏板共合成三百六十块，象征"周天三百六十度"。各层四面都有九步台阶。这座坛全部尺寸和数目都用一、三、五、七、九的"天数"或它们的倍数，是最典型的与封建迷信结合的要求。但在这种苛刻条件下，智慧的劳动人民却在造形方面创造出一个艺术杰作。这座洁白如雪、重叠三层的圆坛，周围环绕着玲珑像花边般的石刻栏杆，形体是这样的美丽，它永远是个可珍贵的建筑物，点缀在祖国的地面上。

祈年殿

圆丘北面棂星门外是皇穹宇。这座单檐的小圆殿的作用是存放神位木牌（祭天时"请"到圆丘上面受祭，祭完送回）。最特殊的是它外面周绕的围墙，平面做成圆形，只在南面开门。墙面是精美的磨砖对缝，所以靠墙内任何一点，向墙上低声细语，他人把耳朵靠近其他任何一点，都可以清晰听到。人们都喜欢在这里做这种"声学游戏"。

祈年殿是祈谷的地方，是个圆形大殿，三重蓝色琉璃瓦檐，最上一层上安金顶。殿的建筑用内外两周的柱，每周十二根，里面更立四根"龙井柱"。圆周十二间都安格扇门，没有墙壁，庄严中呈显玲珑。这殿立在三层圆坛上，坛的样式略似圆丘而稍大。

天坛部署的规模是明嘉靖年间制定的。现存建筑中，圆丘和皇穹宇是清乾隆八年（一七四三年）所建。祈年殿在清光绪十五年遭雷火焚毁后，又在第二年（一八九〇年）重建。祈年门和皇乾殿是明嘉靖二十四年（一五四五年）原物。现在祈年门梁下的明代彩画是罕有的历史遗物。

颐和园

在中国历史中，城市近郊风景特别好的地方，封建主和贵族豪门等总要独霸或强占，然后再加以人工的经营来做他们的"禁苑"或私园。这些著名的御苑、离宫、名园，都是和劳动人民的血汗和智慧分不开的。他们凿了池或筑了山，建造了亭台楼阁，栽植了树木花草，布置了回廊曲径、桥梁水榭，在许许多多巧妙的经营与加工中，才把那些离宫或名园提到了高度艺术的境地。现在，这些宝贵的祖国文化遗产，都已回到人民手里了。

北京西郊的颐和园，在著名的圆明园被帝国主义侵略军队毁了以后，是中国四千年封建历史里保存到今天的最后的一个大"御苑"。颐和园周围十三华里，园内有山有湖。倚山临湖的建筑单位大小数百，最有名的长廊，东西就长达一千几百尺，共计二百七十三间。

颐和园的湖、山基础，是经过金、元、明三朝所建设的。清朝规模最大的修建开始于乾隆十五年（一七五〇年），当时本名清漪园，山名万寿，湖名昆明。一八六〇年，清漪园和圆明园同遭英法联军毒辣的破坏，前山和西部大半被毁，只有山巅琉璃砖造的建筑和"铜亭"得免。

前山湖岸全部是光绪十四年（一八八八年）所重建。那时西太后那拉氏专政，为自己做寿，竟挪用了海军造船费来修建，改名颐和园。

颐和园规模宏大，布置错杂，我们可以分成后山、前山、东宫山、南湖和西堤等四大部分来了解它。

第一部分后山，是清漪园所遗留下的艺术面貌，精华在万寿山的北坡和坡下的苏州河。东自"赤城霞起"关口起，山势起伏，石路回转，一路在半山经"景福阁"到"智慧海"，再向西到"画中游"。一路沿山下河岸，处处苍松深郁或桃树错落，是初春清明前后游园最好的地方。山下小河（或称后湖）曲折，忽狭忽阔；沿岸摹仿江南风景，故称"苏州街"，河也名"苏州河"。正中北宫门入园后，有大石桥跨苏州河上，向南上坡是"后大庙"旧址，今称"须弥灵境"。这些地方，今天虽已剥落荒凉，但环境幽静，仍是颐和园最可爱的一部。东边"谐趣园"是仿无锡惠山园的风格，当中荷花池，四周有水殿曲廊，极为别致。西面通到前湖的

颐和园的玉带桥

小苏州河，岸上东有"买卖街"，俨如江南小镇（现已不存）。更西的长堤垂柳和六桥是仿杭州西湖六桥建设的。这些都是摹仿江南山水的一个系统的造园手法。

第二部分前山湖岸上的布局，主要是排云殿、长廊和石舫。排云殿在南北中轴线上。这一组由临湖一座牌坊起，上到排云殿，再上到佛香阁；倚山建筑，巍然耸起，是前山的重点。佛香阁是八角钻尖顶的多层建筑物，立在高台上，是全山最高的突出点。这一组建筑的左右还有"转轮藏"和"五芳阁"等宗教建筑物。附属于前山部分的还有米山上几处别馆，如"景福阁""画中游"等。沿湖的长廊和中线成"丁"字形；西边长廊尽头处，湖岸转北到小苏州河，傍岸处就是著名的"石舫"，名清宴舫。前山着重侈大、堂皇富丽，和清漪园时代重视江南山水的曲折大不相同；前山的安排，是"仙山蓬岛"的格式，略如北海琼华岛，建筑物倚山层层上去，成一中轴线，以高耸的建筑物为结束。湖岸有石栏和游廊。对面湖心有远岛，以桥相通，也如北海团城。只是岛和岸的距离甚大，通到岛上的十七孔长桥，不在中线，而由东堤伸出，成为远景。

第三部分是东宫门入口后的三大组主要建筑物：一是向东的仁寿殿，它是理事的大殿；二是仁寿殿北边的德和园，内中有正殿、两廊和大戏台；三是乐寿堂，在德和园之西。这是那拉氏居住的地方。堂前向南临水有石台石阶，可以由此上下船。这些建筑拥挤繁复，像城内府第，堵塞了入口，向后山和湖岸的合理路线被建筑物阻挡割裂，今天游园的人，多不知有后山，进仁寿殿或德和园之后，更有迷惑在院落中的感觉，直到出了荣寿堂西门，到了长廊，才豁然开朗，见到前面湖山。这一部分的建筑物为全园布局上的最大弱点。

第四部分是南湖洲岛和西堤。岛有五处，最大的是月波楼一组，或称龙王庙，有长桥通东堤。其他小岛非船不能达。西堤由北而南成弧线，分数段，上有六座桥。这些都是湖中的点缀，为北岸的远景。

天宁寺塔

北京广安门外的天宁寺塔，是北京城内和郊外的寺塔中完整立着的一个最古的建筑纪念物。这个塔是属于一种特殊的类型：平面作八角形，砖筑实心，外表主要分成高座、单层塔身和上面的多层密檐三部分。座是重叠的两组须弥座，每组中间有一道"束腰"，用"间柱"分成格子，每格中刻一浅龛，中有浮雕，上面用一周砖刻斗拱和栏杆，故极富于装饰性。座以上只有一单层的塔身，托在仰翻的大莲瓣上，塔身四正面有拱门，四斜面有窗，还有浮雕力神像等。塔身以上是十三层密密重叠着的瓦檐。第一层檐以上，各檐中间不露塔身，只见斗拱；檐的宽度每层缩小，逐渐向上递减，使塔的轮廓成缓和的弧线。塔顶的"刹"是佛教的象征物，本有"覆钵"和很多层"相轮"，但天宁寺塔上只有宝顶，不是一个刹，而十三层密檐本身却有了相轮的效果。

这种类型的塔，轮廓甚美，全部稳重而挺拔。层层密檐的支出使檐上的光和檐下的阴影构成一明一暗；重叠而上，和素面塔身起反衬作用，是最引人注意的宜于远望的处理方法。中间塔身略细，约束在檐以下、座以上，特别显得窈窕。座的轮廓也因有伸出和缩紧的部分，更美妙有趣。塔座是塔底部的重点，远望清晰伶俐；近望则见浮雕的花纹、走兽和人物，精致生动，又恰好收到最大的装饰效果。它是砖造建筑艺术中的极可宝贵的处理手法。

分析和比较祖国各时代各类型的塔，我们知道南北朝和隋的木塔的形状，但实物已不存。唐代遗物主要是砖塔，都是多层方塔，如西安的大雁塔和小雁塔。唐代虽有单层密檐塔，但平面为方形，且无须弥座和斗拱，如嵩山的永泰寺塔。中原山东等省以

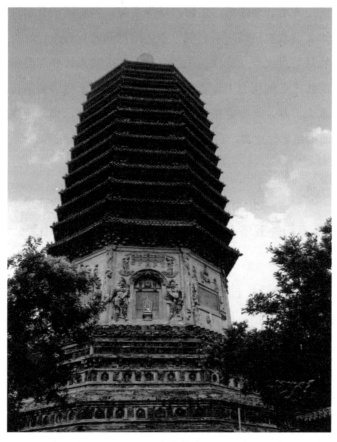

天宁寺塔

南、山西省以西，五代以后虽有八角塔，而非密檐，且无斗拱，如开封的"铁塔"。在江南，五代两宋虽有八角塔，却是多层塔身的，且塔身虽砖造，每层都用木造斗拱和木檩托檐，如苏州虎丘塔、罗汉院双塔等。检查天宁寺塔每一细节，我们今天可以确凿地断定它是辽代的实物，清代石碑中说它是"隋塔"是错误的。

这种单层密檐的八角塔只见于河北省和东北。最早有年月可考的都属于辽金时代（十一到十三世纪），如房山云居寺南塔北塔、正定青塔、通州塔、辽阳白塔寺塔等。但明清还有这形制的塔，如北京八里庄塔。从它们分布的地域和时代看来，这类型的塔显然是契丹民族（满族祖先的一支）的劳动人民和当时移居辽区的汉族匠工们所合力创造的伟绩，是他们对于祖国建筑传统的一个重大贡献。天宁寺塔经过这九百多年的考验，仍是一座完整而美丽的纪念性建筑，它是今天北京最珍贵的艺术遗产之一。

北京近郊的三座"金刚宝座塔"
——西直门外五塔寺塔、德胜门外西黄寺塔和香山碧云寺塔

北京西直门外五塔寺的大塔，形式很特殊：它是建立在一个巨大的台子上面，由五座小塔所组成的。佛教术语称这种塔为"金刚宝座塔"。它是摹仿印度佛陀伽蓝的大塔建造的。

金刚宝座塔的图样，是一四一三年（明永乐时代）西番班迪达来中国时带来的。永乐帝朱棣，封班迪达做大国师，建立大正觉寺——即五塔寺——给他住。到了一四七三年（明成化九年）便在寺中仿照了中印度式样，建造了这座金刚宝座塔。清乾隆时

代又仿照这个类型，建造了另外两座，一座就是现在德胜门外的西黄寺塔，另一座是香山碧云寺塔。这三座塔虽同属于一个格式，但每座各有很大变化，和中国其他的传统风格结合而成。它们具体地表现出祖国劳动人民灵活运用外来影响的能力，它们有大胆变化、不限制于摹仿的创造精神。在建筑上，这样主动地吸收外

五塔寺塔座上的五塔之一

五塔寺塔座底下的浮雕显示了藏传佛教的特征

国影响和自己民族形式相结合的例子是极值得注意的。同时，介绍北京这三座塔并指出它们的显著的异同，也可以增加游览者对它们的认识和兴趣。

五塔寺在西郊公园北面约二百米。它的大台高五丈，上面立五座密檐的方塔，正中一座高十三层，四角每座高十一层。中塔的正南，阶梯出口的地方有一座两层檐的亭子，上层瓦顶是圆的。大台的最底层是个"须弥座"，座之上分五层，每层伸出小檐一周，下雕并列的佛龛，龛和龛之间刻菩萨立像。最上层是女儿墙，也就是大台的栏杆。这些上面都有雕刻，所谓"梵花、梵宝、梵字、梵像"。大台的正门有门洞，门内有阶梯藏在台身里，盘旋上去，通到台上。

↑ 塔座上的塔	↗ 碧云寺五塔
←	佛足石，佛寂灭前留足迹于无忧王，佛祖为其大弟子出示双足的故事，而我国仅存这一处石刻佛足，具有重要意义。

这塔全部用汉白玉建造，密密地布满雕刻。石里所含铁质经过五百年的氧化，呈现出淡淡的橙黄的颜色，非常温润而美丽。过于繁琐的雕饰本是印度建筑的弱点，中国匠人却创造了自己的适当的处理。他们智慧地结合了祖国的手法特征，努力控制了凹凸深浅的重点。每层利用小檐的伸出和佛龛的深入，做成阴影较强烈的部分，其余全是极浅的浮雕花纹。这样，便纠正了一片杂

乱繁缛的感觉。

西黄寺塔，也称作班禅喇嘛净化城塔，建于一七七九年。这座塔的形式和大正觉寺塔一样，也是五座小塔立在一个大台上面。所不同的，在于这五座塔本身的形式。它的中央一塔为西藏式的喇嘛塔（如北海的白塔），而它的四角小塔，却是细高的八角五层的"经幢"；并且在平面上，四小塔的座基突出于大台之外，南面还有一列石阶引至台上。中央塔的各面刻有佛像、草花和凤凰等，雕刻极为细致富丽，四个幢主要一层素面刻经，上面三层刻佛龛与莲瓣。全组呈窈窕玲珑的印象。

碧云寺塔和以上两座又都不同。它的大台共有三层，底下两层是月台，各有台阶上去。最上层做法极像五塔寺塔，刻有数层佛龛，阶梯也藏在台身内。但它上面五座塔之外，南面左右还有两座小喇嘛塔，所以共有七座塔了。

碧云寺塔

这三处仿中印度式建筑的遗物，都在北京近郊风景区内。同式样的塔，国内只有昆明官渡镇有一座，比五塔寺塔更早了几年。

鼓楼、钟楼和什刹海

北京城在整体布局上，一切都以城中央一条南北中轴线为依据。这条中轴线以永定门为南端起点，经过正阳门、天安门、午门、前三殿、后三殿、神武门、景山、地安门一系列的建筑重点，最北就结束在鼓楼和钟楼那里。北京的钟楼和鼓楼不是东西相对，而是在南北线上，一前、一后的两座高耸的建筑物。北面城墙正中不开城门，所以这条长达八公里的南北中线的北端就终止在钟楼之前。这个伟大气魄的中轴直穿城心的布局是我们祖先杰出的创造。鼓楼面向着广阔的地安门大街，地安门是它南面的"对景"，钟楼峙立在它的北面，这样三座建筑便合成一组庄严的单位，适当地作为这条中轴线的结束。

鼓楼是一座很大的建筑物，第一层雄厚的砖台，开着三个发券的门洞。上面横列五间重檐的木构殿楼，整体轮廓强调了横亘的体形。钟楼在鼓楼后面不远，是座直立耸起、全部砖石造的建筑物；下层高耸的台，每面只有一个发券门洞。台上钟亭也是每面一个发券门。全部使人有浑雄坚实的矗立的印象。钟、鼓两楼在对比中，一横一直，形成了和谐美妙的组合。明朝初年，智慧的建筑工人和当时的"打图样"的师父们就这样朴实、大胆地创造了自己市心的立体标志，充满了中华民族特征的不平凡的风格。

从钟、鼓楼西面可俯瞰什刹海和后海，这两个"海"是和北京历史分不开的。它们和北海、中海、南海是一个系统的五个

180

湖沼。十二世纪中建造"大都"的时候，北海和中海被划入宫苑（那时还没有南海），什刹海和后海留在市区内。当时有一条水道由什刹海经现在的北河沿、南河沿、六国饭店出城通到通州，衔接到运河。江南运到的粮食便在什刹海卸货，那里船帆桅杆十分热闹，它的重要性正相同于我们今天的前门车站。到了明朝，水源发生问题，水运只到东郊，什刹海才丧失了作为交通终点的身份。尤其难得的是它外面始终没有围墙把它同城区阻隔，正合乎近代最理想的市区公园的布局。

海的四周本有十座佛寺，因而得到"什刹"的名称。这十座寺早已荒废。清朝末年，这里周围是茶楼、酒馆和杂耍场子等。但湖水逐渐淤塞，虽然夏季里香荷一片，而水质污秽、蚊虫孳生已威胁到人民的健康。新中国成立后，人民自己的政府首先疏浚全城水道系统，将什刹海掏深，砌了石岸，使它成为一片清澈的活水，又将西侧小湖改为可容四千人的游泳池。两年来那里已成劳动人民夏天中最喜爱的地点。垂柳倒影，隔岸可遥望钟楼和鼓楼，它已真正地成为首都的风景区，并且这个风景区还正在不断地建设中。

在全市来说，由地安门到钟、鼓楼和什刹海是城北最好的风景区的基础。现在鼓楼上面已是人民的第一文化馆，小海已是游泳池，又紧接北海。这一个美好环境，由钟、鼓楼上远眺更为动人。不但如此，首都的风景区是以湖沼为重点的，水道的连接将成为必要。什刹海若予以发展，将来可能以金水河把它同颐和园的昆明湖连接起来。那样，人们将可以在假日里从什刹海坐着小船经由美丽的西郊，直达颐和园了。

雍和宫

　　北京城内东北角的雍和宫，是二百一十几年来北京最大的一座喇嘛寺院。喇嘛教是蒙藏两族所崇奉的宗教，但这所寺院因为建筑的宏丽和佛像雕刻等的壮观，一向都非常著名，所以游览首都的人们，时常来到这里参观。这一组庄严的大建筑群，是过去中国建筑工人以自己传统的建筑结构技术来适应喇嘛教的需要所创造的一种宗教性的建筑类型，就如同中国工人曾以本国的传统方法和民族特征解决过伊斯兰教的清真寺，或基督教的礼拜堂的需要一样。这寺院的全部是一种符合特殊实际要求的艺术创造，在首都的文物建筑中间，它是不容忽视的一组建筑遗产。

　　雍和宫曾经是胤禛（清雍正）做王子时的府第。在一七三四年改建为喇嘛寺。

雍和宫

雍和宫的大布局，紧凑而有秩序，全部由南北一条中轴线贯穿着。由最南头的石牌坊起到"琉璃花门"是一条"御道"——也像一个小广场。两旁十几排向南并列的僧房就是喇嘛们的宿舍。由琉璃花门到雍和门是一个前院，这个前院有古槐的幽荫，南部左右两角立着钟楼和鼓楼，北部左右有两座八角的重檐亭子，更北的正中就是雍和门；雍和门规模很大，才经过修缮油饰。由此北进共有三个大庭院，五座主要大殿阁。第一院正中的主要大殿称作雍和宫，它的前面中线上有碑亭一座和一个雕刻精美的铜香炉，两边配殿围绕到它后面一殿的两旁，规模极为宏壮。

　　全寺最值得注意的建筑物是第二院中的法轮殿，其次便是它后面的万佛楼。它们的格式都是很特殊的。法轮殿主体是七间大殿，但它的前后又各出五间"抱厦"，使平面成十字形。殿的瓦顶上面突出五个小阁，一个在正脊中间，两个在前坡的左右，两个在后坡的左右。每个小阁的瓦脊中间又立着一座喇嘛塔。由于宗教上的要

万佛楼

求，五塔寺金刚宝座塔的型式很巧妙地这样组织到纯粹中国式的殿堂上面，成了中国建筑中一个特殊例子。

万佛楼在法轮殿后面，是两层重檐的大阁。阁内部中间有一尊五丈多高的弥勒佛大像，穿过三层楼井，佛像头部在最上一层的屋顶底下。据说这个像的全部是由一整块檀香木雕成的。更特殊的是万佛楼的左右另有两座两层的阁，从这两阁的上层用斜廊——所谓飞桥——和大阁相联系。这是敦煌唐朝画中所常见的格式，今天还有这样一座存留着，是很难得的。

雍和宫最北部的绥成殿是七间，左右楼也各是七间，都是两层的楼阁，在我们的最近建设中，我们极需要参考本国传统的楼屋风格，从这一组两层建筑物中，是可以得到许多启示的。

故宫

北京的故宫现在是首都的故宫博物院。故宫建筑的本身就是这博物院中最重要的历史文物。它综合形体上的壮丽、工程上的完美和布局上的庄严秩序，成为世界上一组最优异、最辉煌的建筑纪念物。它是我们祖国多少年来劳动人民智慧和勤劳的结晶，它有无比的历史和艺术价值。全宫由"前朝"和"内廷"两大部分组成；四周有城墙围绕，墙下是一周护城河，城四角有角楼，四面各有一门：正南是午门，门楼壮丽，称五凤楼；正北称神武门；东西两门称东华门、西华门，全组统称"紫禁城"。隔河遥望红墙、黄瓦、宫阙、角楼的任何一角都是宏伟秀丽，气象万千。

前朝正中的三大殿是宫中前部的重点，阶陛三层，结构崇伟，为建筑造形的杰作。东侧是文华殿，西侧是武英殿，这两组与太和门东西并列，左右衬托，构成三殿前部的格局。

内廷是封建皇帝和他的家族居住和办公的部分。因为是所谓皇帝起居的地方，所以借重了许多严格部署的格局和外表形式上的处理来强调"至高无上"。因此，内廷的布局仍是采用左右对称的格式，并且在部署上象征天上星宿等等。例如内廷中间，乾清、坤宁两宫就是象征天地，中间过殿名交泰，就取"天地交泰"之义。乾清宫前面的东西两门名日精、月华，象征日月。后面御花园中最北一座大殿——钦安殿，内中还供奉着"玄天上帝"的牌位。故宫博物院称这部分作"中路"，它也就是前王殿中轴线的延续，也是全城中轴的一段。

"中路"两旁两条长夹道的东西，各列六个宫，每三个为一路，中间有南北夹道。这十二个宫象征十二星辰。它们后部每面有五个并列的院落，称东五所、西五所，也象征众星拱辰之义。十二宫是内宫眷属"妃嫔""皇子"等的住所，和中间的"后三殿"就是紫禁城后半部的核心。现在博物院称东西六宫等为"东殿"和"西殿"，按日轮流开放，西六宫曾经改建，储秀和翊坤两宫之间增建一殿，成了一组。长春和太极之间，也添建一殿，成为一组，格局稍变。东六宫中的延禧，曾参酌西式改建"水晶宫"而未成。

三路之外的建筑是比较不规则的。主要的有两种：一种是在中轴两侧，东西两路的南头，十二宫前面的重要前宫殿。西边是养心殿一组，它正在"外朝"和"内廷"之间偏东的位置上，是封建主实际上日常起居的地方。中轴东边与它约略对称的是斋宫和奉先殿。这两组与乾清宫的关系就相当于文华、武英两殿与太和殿的关系。另一类是核心外围规模较十二宫更大的宫。这些宫是建筑给封建主的母后居住的。每组都有前殿、后寝、周围廊子、配殿、宫门等。西边有慈宁、寿康、寿安等宫。其中夹着一组佛教庙宇雨花阁，规模极大。总称为"外西路"。东边的"外东路"只有直串南北、范围巨大的宁寿宫一组。它本是玄烨（康熙）的母亲所居，后来弘历（乾隆）将政权交给儿子，自己退老住在这里曾增修了许多繁缛巧丽的亭园建筑，所以称为"乾隆花园"。它是故宫后部核心以外最特殊也最奢侈的一个建筑组群，且是清代日趋繁琐的宫廷趣味的代表作。

故宫后部虽然"千门万户"，建筑密集，但它们仍是有秩序的布局。中轴之外，东西两侧的建筑物也是以几条南北轴线为依据的。各轴线组成的建筑群以外的街道形成了细长的南北夹道。主要的东一长街和西一长街的南头就是通到外朝的"左内门"和

紫禁城

"右内门"，它们是内廷和前朝联系的主要交通线。

　　除去这些"宫"与"殿"之外，紫禁城内还有许多服务单位如上驷院、御膳房和各种库房及值班守卫之处。但威名显赫的"南书房"和"军机处"等宰相大臣办公的地方，实际上只是乾清门旁边几间廊庑房舍。军机处还不如上驷院里一排马厩！封建帝王残酷地驱役劳动人民为他建造宫殿，养尊处优，享乐排场无所不至，而即使是对待他的军机大臣也仍如奴隶。这类事实可由故宫的建筑和布局反映出来。紫禁城全部建筑也就是最丰富的历史材料。

"正大光明"匾，是皇权的象征

《中国建筑彩画图案》序①

  在高大的建筑物上施以鲜明的色彩，取得豪华富丽的效果，是中国古代建筑的重要特征之一，也是建筑艺术加工方面特别卓越的成就之一。彩画图案在开始时是比较单纯的。最初是为了实用，为了适应木结构上防腐防蠹的实际需要，普遍地用矿物原料的丹或朱以及黑漆桐油等涂料敷饰在木结构上；后来逐渐和美术上的要求统一起来，变得复杂丰富，成为中国建筑装饰艺术中特有的一种方法。例如在建筑物外部涂饰了丹、朱、赭、黑等色的檐柱的上部，横的结构如阑额枋檩上以及斗拱椽头等主要位置在瓦檐下的部分，画上彩色的装饰图案，巧妙地使建筑物增加了色彩丰富的感觉，和黄、丹或白垩刷粉的墙面、白色的石基、台阶以及栏楯等物起着互相衬托的作用；又如彩画多以靛青翠绿的图案为主，用贴金的线纹，彩色互间的花朵点缀其间，使建筑物受光面最大的豪华的丹朱或严肃的深赭等，得到掩映在不直接受光的檐下的青、绿、金的调节和装饰；再如在大建筑物的整体以内，

  ① 本文原载北京文物整理委员会编的《中国建筑彩画图案》，人民美术出版社1955年出版。这篇序文在原书中题作序，文后署名林徽因。本文在1953年写成，全书出版时，林先生已逝世。

和它的附属建筑物之间，也利用色彩构成红绿相间或是金朱交错的效果（如朱栏碧柱、碧瓦丹楹或朱门金钉之类），使整个建筑组群看起来辉煌闪烁，藉此形成更优美的风格，唤起活泼明朗的韵律感。特别是这种多色的建筑体形和优美的自然景物相结合的时候，就更加显示了建筑物美丽如画的优点，而这种优点，是和彩画装饰的作用分不开的。

在中国体系的建筑艺术中，对于建筑物细致地使用多样彩色加工的装饰技术，主要有两种：一种是"琉璃瓦作"发明之后，应用各种琉璃构件和花饰的形制；另一种就是有更悠久历史的彩画制度。

中国建筑上应用彩画开始于什么年代呢？

在木结构外部刷上丹红的颜色，早在春秋时代就开始了。鲁庄公"丹桓宫之楹，而刻其桷"，是见于古书上关于鲁国的记载的。还有臧文仲"山节藻棁"之说，素来解释为讲究华美建筑在房屋构件上加上装饰彩画的意思。从楚墓出土文物上的精致纹饰看来，春秋时代建筑木构上已有一些装饰图案，这是很可能的。至于秦汉在建筑内外都应用华丽的装饰点缀，在文献中就有很多的记述了。《西京杂记》中提到"华榱壁珰"之类，还说"椽榱皆绘龙蛇萦绕其间"和"柱壁皆画云气花，山灵鬼怪"。从汉墓汉砖上所见到的一丝纹饰来推测，上述的龙纹和云纹都是可以得到证实的。此外记载上所提到的另一个方面应该特别注意的，就是绫锦织纹图案应用到建筑装饰上的历史。例如秦始皇咸阳宫"木衣绨绣，土被朱紫"之说，又如汉代宫殿中有"以椒涂壁，被以文绣"的例子。《汉书·贾谊传》里又说："美者黼绣是古天子之服，今富人大贾嘉会召客者以被墙。"在柱上壁上悬挂丝织品和在墙壁梁柱上涂饰彩色图画，以满足建筑内部华美的要求，本来是很自然的。这两种方法在发展中合而为一时，彩画自然就会采用绫锦的花纹，作为图案的一部分。在汉砖上、敦煌石窟中唐代边饰上和宋《营造法式》书中，菱形锦纹图案都极常见，到了明清的梁枋彩画上，绫锦织纹更成为极重要的题材了。

南北朝佛教流行中国之时，各处开凿石窟寺，普遍受到西域佛教艺术的影响，当时的艺人匠师，不但大量地吸收外来艺术为宗教内容服务，同时还大胆地将中国原有艺术和外来的艺术相融合，加以应用。在雕刻绘塑的纹饰方面，这时产生了许多新的图案，如卷草花纹、莲瓣、宝珠和曲水万字等等，就都是其中最重要的。

综合秦、汉、南北朝、隋、唐的传统，直到后代，在彩画制度方面，云气、龙凤、绫锦织纹、卷草花卉和万字、宝珠等，就始终都是"彩画作"中最主要和最典型的图案。至于设色方法，南北朝以后也结合了外来艺术的优点。《建康实录》中记载，南朝梁时一乘寺的门上有据说是名画家张僧繇手笔的"凹凸花"，并说："其花乃天竺遗法，朱及青绿所成，远望眼晕如凹凸，就视即平，世咸异之。"宋代所规定的彩画方法，每色分深浅，并且浅的一面加白粉，深的再压墨，所谓"退晕"的处理，可能就是这种画法的发展。

我们今天所能见到的实物，最早的有乐浪郡墓中彩饰，其次就是甘肃敦煌莫高窟和甘肃天水麦积山石窟中北魏、隋、唐的洞顶、洞壁上的花纹边饰，再次就是四川成都两座五代陵墓中的建筑彩画。现存完整的建筑正面全部和内部梁枋的彩画实例，有敦煌莫高窟宋太平兴国五年（公元九八〇年）的窟廊。辽金元的彩画见于辽宁义县奉国寺、山西应县佛宫寺木塔、河北安平圣姑庙等处。

宋代《营造法式》^①中所总结的彩画方法，主要有六种：（一）五彩遍装；（二）碾玉装；（三）青绿叠晕棱间装；（四）解绿装；（五）丹粉刷饰；（六）杂间装。工作过程又分为四个程序：（一）衬地；（二）衬色；（三）细色；（四）贴金。此外还有"叠晕"和"剔填"的着色方法。应用于彩画中的纹饰有"华纹""琐纹""云纹""飞仙""飞禽"及"走兽"等几种。"华纹"又分为"九品"，包括"卷草"花纹在内；"琐纹"即"锦纹"，分有六品。

明代的彩画实物，有北京东城智化寺如来殿的彩画，据建筑家过去的调查报告记载："彩画之底甚薄，各材刨削平整，故无披麻捉灰的必要，梁枋以青绿为地，颇雅素，青色之次为绿色，两色反复间杂，一如宋、清常则；其间点缀朱金，鲜艳醒目，集中在一二处，占面积极小，不以金色作机械普遍之描画，且无一处利用白色为界线，乃其优美之主因。"调查中又谈到智化寺梁枋彩画的特点，如枋心长为梁枋全长的四分之一，而不是清代的三分之一；旋花作狭长形而非整圆，虽然也是用一整二破的格式。又说枋心的两端尖头不用直线，"尚存古代萍藻波纹之习"。

明代彩画，其他如北京安定门内文丞相祠檐枋，故宫迎瑞门及永康左门琉璃门上的额枋等，过去都曾经有专家测绘过。虽然这些彩画构图规律和智化寺同属一类，但各梁上旋花本身和花心、花瓣的处理，都不相同，且旋花大小和线纹布局的疏密，每处也各不相同。花纹区划有细而紧的和叶瓣大而爽朗的两种，产生极不同的效果。全部构图创造性很强，极尽自由变化的能事。

---

① 宋李明仲（李诫）《营造法式》宋版原书至今尚未发现全本；明永乐间的抄本中图案经过修描，已极不准确；商务印书馆重刊本又加改动，更难凭信，所以宋代彩画花纹究竟如何，还有待今后之考证。 ——曹汛注

清代的彩画，继承了过去的传统，在取材上和制作方法上有了新的变化，使传统的建筑彩画得到一定的提高和发展。从北京各处宫殿、庙宇、庭园遗留下来制作严谨的许多材料来看，它的特点是复杂绚烂、金碧辉煌，形成一种眩目的光彩，使建筑装饰艺术达到一个新的高峰。某些主要类型的彩画，如"和玺彩画"和"旋子彩画"等，都是规格化了的彩画装饰构图，这样，在装饰任何梁枋时就便于保持一定的技术水平，也便于施工，并使徒工易于掌握技术。但是，由于这种规格化十分严格地制定了构图上的分划和组合，便不免限制了彩画艺人的创造能力。虽然细节花纹可以作若干变化，但这种过分标准化的构图规定是有它的缺点的。在研究清式的建筑彩画方面，对于"和玺彩画""旋子彩画"以及庭园建筑上的"苏式彩画"，过去已经作了不少努力，进行过整理和研究，本书的材料，便是继续这种研究工作所作的较为系统的整理；但是，应该提出的是：清代的彩画图案是建筑装饰中很丰富的一项遗产，并不限于上面三类彩画的规制。现存清初实物中，还有不少材料有待于今后进一步的发掘和整理，特别是北京故宫保和殿的大梁，乾隆花园佛日楼的外檐，午门楼上的梁架等清代早期的彩画，都不属于上述的三大类，便值得注意。因此，这种整理工作仅是一个开始，一方面，为今后的整理工作提供了材料；一方面，许多工作还等待继续进行。

本书是由北京文物整理委员会聘请北京彩画界老艺人刘醒民同志等负责绘制的，他们以长期的实践经验，按照清代乾隆时期以后流行的三大类彩画规制所允许的自由变化，把熟练的花纹作不同的错综，组合成许多种的新样式。细部花纹包括了清代建筑彩画图案的各种典型主题，如夔龙、夔凤、卷草、西番莲、升龙、坐龙及各种云纹、草纹，保存了丰富的清代彩画图案中可宝贵的材料。有些花纹组织得十分繁密匀称，尤其难得。但在色彩上，因为受到近代常用颜料的限制，色度强烈，有一些和所预期的效果不相符，如刺激性过大或白粉量太多之处。也有些在同一处额枋上纹饰过于繁复，在总体上表现一致性不强的缺点。

　　总之，这一部彩画图案，给建筑界提出了学习资料，但在实际应用时，必须分析它的构图、布局、用色、设计和纹饰线路的特点，结合具体的用途，变化应用；并且需要在原有的基础上，从现实生活中需要出发，逐渐创作出新的彩画图案。因此，务必避免抄袭或是把它生硬地搬用到新的建筑物上，不然便会局限了艺术的思想性和创造性。本集彩画中每种图案，可说都是来自历史上很早的时期，如云气、龙纹、卷草、番莲等，在长久的创作实践中都曾经过不断的变化、不断的发展；美术界和建筑界应当深刻地体会彩画艺术的传统，根据这种优良的传统，进一步地灵活应用，变化提高，这就是我们的创作任务。这本集子正是在这方面给我们提供了珍贵的与必要的参考。

图书在版编目（CIP）数据

林徽因谈建筑 / 林徽因著. — 赤峰 : 内蒙古科学
技术出版社, 2018.1
ISBN 978-7-5380-2931-4

Ⅰ.①林… Ⅱ.①林… Ⅲ.①古建筑—研究—中国
Ⅳ.①TU-092.2

中国版本图书馆CIP数据核字（2018）第025748号

林徽因谈建筑

著　　者：林徽因
责任编辑：马洪利
封面设计：李　莹
出版发行：内蒙古科学技术出版社
地　　址：赤峰市红山区哈达街南一段4号
网　　址：www.nm-kj.cn
邮购电话：0476-8227078
印　　刷：北京鑫海达印务有限公司
字　　数：146千
开　　本：960mm×640mm　1/16
印　　张：12.75
版　　次：2018年1月第1版
印　　次：2018年7月第1次印刷
书　　号：ISBN 978-7-5380-2931-4
定　　价：65.00元

如出现印装质量问题，请与我社联系。电话：0476-8237455　8225264